单幅图像复原技术

李进明 著

电子工业出版社
Publishing House of Electronics Industry
北京·BEIJING

内 容 简 介

图像复原技术是数字图像处理领域的重要研究方向之一，它涉及信号处理、数学建模、优化算法等多个学科领域的交叉融合。通过研究图像复原技术，可以深入探究图像的本质特征和规律，为图像处理领域的其他研究提供基础和支撑。该技术的应用已经扩展到了人们生活的各个领域，包括遥感侦测成像、医学的 CT 和 MRI、智能交通监控、HDTV、机器视觉及数字文化遗产的保护和修复等。本书的研究对象是面向单幅图像超分辨率重建和单幅图像去噪这两大任务的图像复原技术。本书共 7 章，分别从正则化模型解决方案到深度学习模型解决方案阐述了作者多年来在图像复原技术中的主要研究成果，介绍了这些解决方案背后的研究思想、模型及实验分析结果。具体来讲，本书涉及面向单幅图像超分辨率重建的稀疏表示模型、非局部 Laplacian 先验、非局部自相似性先验和低秩先验的理论研究，以及基于深度学习理论的 UNet 模型在图像去噪领域的理论研究，这些理论研究有效缓解了图像复原这一逆问题的病态性。

本书可供计算机科学与技术相关专业的本科生、研究生阅读，也可作为高校和科研院所相关专业教学和科研人员的参考用书。

未经许可，不得以任何方式复制或抄袭本书之部分或全部内容。

版权所有，侵权必究。

图书在版编目（CIP）数据

单幅图像复原技术 / 李进明著. — 北京：电子工业出版社, 2024. 9. — ISBN 978-7-121-48884-9

Ⅰ．TN911.73

中国国家版本馆 CIP 数据核字第 2024LE3826 号

责任编辑：杜　军
文字编辑：张萌萌
印　　刷：北京虎彩文化传播有限公司
装　　订：北京虎彩文化传播有限公司
出版发行：电子工业出版社
　　　　　北京市海淀区万寿路 173 信箱　邮编：100036
开　　本：700×1000　1/16　印张：11.25　字数：220 千字
版　　次：2024 年 9 月第 1 版
印　　次：2024 年 9 月第 1 次印刷
定　　价：79.00 元

凡所购买电子工业出版社图书有缺损问题，请向购买书店调换。若书店售缺，请与本社发行部联系，联系及邮购电话：(010) 88254888，88258888。

质量投诉请发邮件至 zlts@phei.com.cn，盗版侵权举报请发邮件至 dbqq@phei.com.cn。

本书咨询联系方式：(010) 88254552，dujun@phei.com.cn。

前　言

近年来，科技进步和工业革新催生了众多新型成像工具，包括智能手机、平板设备及数字相机等，它们已广泛融入日常使用。这些工具使得图像成为一种高效且直观的信息传递方式，具备信息丰富、易于理解且可长期存储的优势。在现实世界的应用场景中，图像质量往往受到成像设备固有的技术限制和外部环境的不确定性因素的双重影响，导致捕获的图像经常出现质量下降，即所谓的低质量图像。人们将能够解决图像成像过程中图像问题的技术称为图像复原技术。本书介绍的图像复原技术将面向图像低分辨率问题和图像噪声问题。

为解决图像成像过程中产生的图像低分辨率问题和图像噪声问题，作者沿着正则化模型解决方案到深度学习模型解决方案这一条研究路线展开了大量的研究工作，并提出了多种图像复原技术，有效缓解了图像复原这一逆问题的病态性。本书将向读者介绍这些科研工作背后的研究思想、模型及实验分析结果，供当前从事图像复原技术的科研工作者参考和学习。本书依托作者主持的山东省自然科学基金项目"基于隐含深度信息感知和低秩约束图像重建方法研究"（项目编号：ZR2016FQ25）和菏泽学院博士基金项目"基于深度信息感知图像超分辨率重建方法研究"（项目编号：XY16BS03）研究图像复原技术，为解决图像处理领域所面临的难点问题提供一系列的新方法和新技术。另外，特别感谢电子工业出版社的编辑为本书出版做的大量细致的工作。

本书共 7 章，第 1 章为绪论，是本书的理论与算法的基础部分，主要介绍了图像复原技术的研究背景及意义、图像复原技术的数学模型、图像复原技术之图像超分辨率重建的研究现状、图像复原技术之图像去噪的研究现状及图像复原技术之质量评价指标。此外，第 1 章概述了本书的核心贡献、整体结构布局及本章的总结要点。第 2 章深入探讨了在单幅图像超分辨率重建领域，利用图像先验信息对稀疏表示模型中的系数进行正则化的研究进展，并分析了现有模型的局限性。作者提出了一种双稀疏正则化模型，并将其应用于图像超分辨率重建的研究中。第 3 章深入分析了在单幅图像超分辨率重建中，通过图像块策略进行稀疏表示的现状，同时指出了现有模型的缺陷，并提出了一种结合低秩约束和非局部自相似性的稀疏表示模型，并将其应用于图像超分辨率重建领域。第 4 章则聚焦于利用不同类型字典进行单幅作者设计的基于全局非零梯度惩罚和非局部 Laplacian 稀疏编码的重建方法，同样应用于图像超分辨率重建领域。第 5 章首先指出了针对图像超分辨率重建所面临的采用固定的 l_q-范数约束的非局部自相似性正则项很难适应不同图像内容的问题，给出了作者设计的基于自适应 l_q-范数约束的广义非局部自相似性正则项的稀疏表示模型来解决这个问题，同时作者也考虑了 Gaussian 噪声和脉冲噪声组合情景对所提出的重建方法的鲁棒性的影响。第 6 章立足字典原子间的相关性角度，通过将行非局部自相似性先验显式地引入字典学习过程中，提出了一种基于行非局部几何字典学习的稀疏编码模型，同时将非局部约束作为正则化项融入常规重建约束模型中，增强了重建图像的质量。第 7 章首先指出了尽管 UNet 在图像去噪方面取得了较好的竞争力，但它仍面临着一些缺陷，而作者从下采样和非局部机制角度出发，构建了基于特征块合并提炼器嵌入 UNet 的图像去噪方法。本书中描述图像尺寸时，单位为像素。为方便起见，省略了对单位的标注。

  在本书中，读者可扫描下方的二维码查看高清彩图，以辅助阅读与分析。

  本书涉及的内容广泛，由于作者水平有限，书中不妥与疏漏之处在所难免，恳请各位专家和读者批评指正。

作者
2024 年 4 月

彩图

目 录

第 1 章　绪论 ··· 1
　1.1　图像复原技术的研究背景及意义 ·· 1
　1.2　图像复原技术的数学模型 ·· 3
　1.3　图像复原技术之图像超分辨率重建的研究现状 ································ 4
　1.4　图像复原技术之图像去噪的研究现状 ·· 14
　1.5　图像复原技术之质量评价指标 ·· 21
　1.6　本书的主要贡献 ·· 22
　1.7　本书的结构组织安排 ·· 24
　1.8　本章小结 ·· 25

第 2 章　正则化稀疏表示的单幅图像超分辨率重建方法 ···························· 26
　2.1　相关工作分析 ·· 27
　　2.1.1　传统稀疏表示模型的理论基础 ·· 27
　　2.1.2　PCA 字典构造 ··· 28
　　2.1.3　经典的迭代收敛解法 ··· 29
　　2.1.4　图像固有的行和列先验 ··· 29
　2.2　双稀疏正则化稀疏表示模型 ·· 31
　　2.2.1　联合列与行先验的稀疏表示模型 ·· 31
　　2.2.2　字典选择 ··· 35
　2.3　模型的优化求解 ·· 35
　2.4　基于双稀疏正则化稀疏表示模型的重建方法 ···································· 37
　2.5　实验结果与分析 ·· 38
　　2.5.1　实验环境及参数的设置 ··· 39
　　2.5.2　无噪声实验 ··· 39
　　2.5.3　噪声实验 ··· 42
　　2.5.4　算法参数的研究 ··· 45
　　2.5.5　行非局部自相似性正则项的有效性 ······································ 48
　　2.5.6　算法的时间复杂度与收敛性能 ·· 50

2.6 本章小结 ··· 51

第3章 稀疏表示联合低秩约束的单幅图像超分辨率重建方法 ············· 53
3.1 相关工作分析 ·· 54
3.2 基于低秩约束和非局部自相似性稀疏表示模型 ······················· 56
3.2.1 低秩约束和非局部自相似性 ··· 56
3.2.2 字典选择 ·· 57
3.3 模型的优化求解 ·· 58
3.4 基于低秩约束和非局部自相似性稀疏表示模型的重建方法 ········ 59
3.5 实验结果与分析 ·· 60
3.5.1 实验环境及参数的设置 ·· 61
3.5.2 无噪声实验 ··· 62
3.5.3 噪声实验 ·· 65
3.5.4 算法参数的研究 ··· 68
3.5.5 低秩约束正则项的有效性 ··· 72
3.5.6 算法的收敛性能 ··· 74
3.5.7 算法复杂度分析 ··· 75
3.6 本章小结 ·· 75

第4章 基于图像成分的单幅图像超分辨率重建方法 ························ 76
4.1 相关工作分析 ··· 78
4.1.1 传统的联合字典训练的数学形式 ·································· 78
4.1.2 有效的稀疏编码算法 ··· 79
4.1.3 局部可操作核回归 ·· 82
4.2 基于全局非零梯度惩罚和非局部 Laplacian 稀疏表示模型 ········ 83
4.2.1 全局非零梯度惩罚模型重建高分辨率边缘成分图像 ·········· 83
4.2.2 非局部 Laplacian 稀疏表示模型重建高分辨率纹理细节成分图像 ··· 86
4.2.3 全局和局部优化模型提高重建的初始图像的质量 ············· 93
4.3 基于全局非零梯度惩罚和非局部 Laplacian 稀疏表示
模型的重建方法 ··· 94
4.4 实验结果与分析 ·· 95
4.4.1 实验配置 ·· 96
4.4.2 无噪声实验 ··· 97

4.4.3　噪声实验 ··· 100
　　4.4.4　算法复杂度分析 ·· 102
4.5　本章小结 ··· 103

第5章　基于广义非局部自相似性正则化稀疏表示的单幅图像超分辨率重建方法 ··· 104

5.1　相关工作分析 ··· 105
　　5.1.1　基于稀疏表示的图像重建框架 ·· 105
　　5.1.2　列和行非局部自相似性先验 ··· 106
5.2　自适应 l_q-范数约束的广义非局部自相似性稀疏表示模型 ········ 107
　　5.2.1　稀疏表示系数噪声的分布 ·· 107
　　5.2.2　自适应 l_q-范数约束的广义非局部自相似性正则项 ············· 108
5.3　模型的优化求解 ··· 109
　　5.3.1　l_p-范数问题 ··· 111
　　5.3.2　l_q-范数问题 ··· 113
5.4　基于自适应 l_q-范数约束的广义非局部自相似性稀疏表示模型的重建算法 ·· 114
5.5　实验结果与讨论 ··· 115
　　5.5.1　参数设置 ·· 116
　　5.5.2　关键参数研究 ·· 116
　　5.5.3　自适应 l_q-范数约束的广义非局部自相似性正则项的有效性 ·· 119
　　5.5.4　噪声图像实验 ·· 121
5.6　本章小结 ··· 125

第6章　基于行非局部几何字典的单幅图像超分辨率重建 ········· 127

6.1　相关工作分析 ··· 127
　　6.1.1　基于稀疏表示的单幅图像超分辨率重建 ··························· 127
　　6.1.2　行非局部自相似性与列非局部自相似性 ··························· 129
6.2　基于行非局部几何字典的稀疏表示模型 ································· 129
6.3　图像超分辨率重建框架 ··· 131
　　6.3.1　联合式行非局部几何字典训练 ·· 131
　　6.3.2　重建图像 ·· 131

		6.3.3	非局部正则化模型优化图像 ················ 132

        6.3.3 非局部正则化模型优化图像 ·· 132
        6.3.4 图像重建算法 ·· 132
    6.4 实验结果与分析 ·· 133
        6.4.1 实验配置 ·· 133
        6.4.2 参数配置 ·· 134
        6.4.3 行非局部几何字典的相关性分析 ··· 136
        6.4.4 与现有方法的对比 ··· 136
        6.4.5 耗时比较 ·· 140
    6.5 本章小结 ··· 141

第 7 章 基于 UNet 的图像去噪 ·· 142
    7.1 相关工作分析 ·· 143
        7.1.1 图像去噪相关工作 ··· 143
        7.1.2 UNet 相关工作 ··· 144
    7.2 基于特征块合并提炼器嵌入 UNet 的图像去噪方法 ····························· 144
        7.2.1 特征块合并提炼器下采样模块 ··· 144
        7.2.2 特征块合并模块 ·· 145
        7.2.3 子空间基向量学习及投影 ··· 146
        7.2.4 GC 块模块 ·· 146
    7.3 基于特征块合并提炼器嵌入 UNet 的图像去噪模型 ····························· 148
    7.4 损失函数 ··· 149
    7.5 实验结果与分析 ·· 149
        7.5.1 训练数据集和测试数据集 ··· 150
        7.5.2 实验细节 ·· 150
        7.5.3 合成 Gaussian 噪声实验 ·· 150
        7.5.4 真实噪声实验 ·· 154
        7.5.5 消融实验及讨论 ·· 155
    7.6 本章小结 ··· 157

参考文献 ·· 158

第 1 章 绪 论

1.1 图像复原技术的研究背景及意义

信息充斥于我们周围,人类通过感官系统能够有意识或无意识地接收各类信息。信息的传播既可以是直接的,也可以是间接的,其中视觉信息占据了我们接收信息总量的大部分。随着科技和工业的迅猛发展,人们开发了众多类型的电子成像设备,例如智能手机、平板电脑和数码相机,这些设备已经成为我们日常生活中的必备社交工具。图像因其信息量大、直观性和持久性,成为信息传递的重要媒介。除了娱乐消费等日常领域,这些设备在国防、反恐、遥感、医疗、科研等领域也应用广泛。在现实世界的应用场景中,图像质量往往受到成像设备固有的技术限制和外部环境的不确定性因素的双重影响,导致捕捉的图像经常出现质量下降的问题,即所谓的低质量图像。图像质量的降低通常表现为成像过程中信息的损失或干扰(尤其是针对高频信息)。为提升图像质量,研究人员对成像的物理过程进行了细致的分析,识别出了一些重要的影响因素:①成像设备与目标物体距离过远会导致图像分辨率降低,即减少了感兴趣区域的像素密度,这类图像被称为低分辨率(Low Resolution,LR)图像,增加了识别难度。②恶劣天气条件,如大气污染、雨天和雾霾,也会极大降低图像清晰度。③成像设备与目标物体间的相对运动可能导致各种形式的模糊。④成像系统的各种畸变现象将会造成图像失真。⑤焦距不准确会引起图像散焦。⑥传感器和环境噪声,如热噪声、量化噪声和光噪声,会干扰图像质量。图像复原技术旨在解决这些成像问题,提高图像质量。本书将重点介绍针对低分辨率和噪声问题的图像复原技术。

图像复原技术起源于 20 世纪 60 年代初期,它在图像处理中占据着核心的研究地位。图 1.1 统计了我国从 2017 年 1 月到 2023 年 9 月的图像复原技术的论文发表数量,其中,横坐标表示年份,纵坐标表示发表数量。从图 1.1 中可以得知,研究图像复原技术的论文发表数量呈现逐年上升的趋势。图 1.2 统计了图像复原技术在各类科研基金中的申请情况,其中,国家自然科学基金对图像复原技术的支持力度最大(见彩图)。

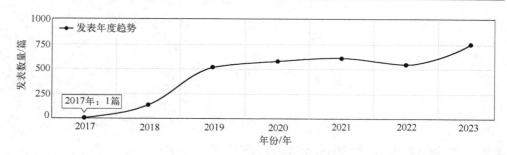

图 1.1　我国从 2017 年 1 月到 2023 年 9 月的图像复原技术的论文发表数量

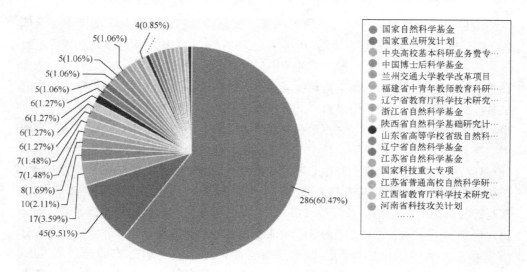

图 1.2　图像复原技术在各类科研基金中的申请情况

依据这些统计的客观数据可以看出，在学术研究上，图像复原技术是数字图像处理领域的重要研究方向之一，其研究可以推动数字图像处理理论的发展。图像复原技术涉及信号处理、数学建模、优化算法等多个学科领域，其研究可以促进这些学科的交叉融合发展。研究图像复原技术可以深入探究图像的本质特征和规律，为图像处理领域的其他研究提供基础和支撑。例如，图像复原技术可以用于图像去噪、图像增强、图像分割等领域，这些研究都需要对图像的本质特征和规律有深入的了解。因此，图像复原技术不但在学术研究中具有深远的意义，而且在多个实际应用领域中也发挥着关键作用。它已经渗透到日常生活的多个方面，包括但不限于遥感侦测、医学成像技术（如 CT 和 MRI）、机器视觉、智能交通及数字文化遗产的维护与修复等领域。综合上述讨论，本书对图像复原技术的研究不仅在理论上具有重要价值，还在实际应用中展现出显著的实用价值。

1.2 图像复原技术的数学模型

在图像复原技术的研究中,关键步骤之一是深入分析图像采集过程中的物理降质机制,即图像如何因何种物理因素而退化。基于物理性分析,建立相应的数学模型是解决这一技术难题的关键抓手。图像退化通常受到运动、模糊、下采样和噪声等四个主要因素的影响[1-4]。本文将逐一探讨这些因素。

首先,运动是指成像过程中场景与传感器间的相对位移。这种位移通常是不可预测的,可以分为全局和局部两种类型。全局运动意味着图像中所有像素的运动趋势一致,可以通过水平和垂直方向的参数来描述。局部运动则更为复杂,因为它涉及图像中不同像素或区域的不同运动趋势,这要求在建模时采用多个参数。

其次,模糊是图像质量下降的另一个常见原因。它可能由外部因素,如大气扰动或快速运动引起,也可能源于成像设备的内部缺陷,如光学系统的孔径限制。模糊的类型多样且复杂,可能是单一类型的模糊,也可能是多种模糊类型的叠加。

再次,下采样是降低图像分辨率的过程,通过在图像的行和列上进行间隔抽样来实现。这一过程导致图像细节的丢失,影响图像的清晰度。

最后,噪声是图像采集过程中不可避免的现象,它可能源自成像设备(传感器)或外部环境。成像设备内部的噪声,包括热噪声、量化噪声和光噪声等,对图像质量的影响尤为显著。在模拟图像退化的过程中,预测噪声的类型是一个问题,因为噪声的来源和特性往往是未知的。

图像复原技术的关键在于构建与图像物理观察模型相匹配的数学模型,旨在从已知的退化图像中恢复出原始的高质量图像。经过持续的研究,学术界已经发展出一个普遍适用的数学退化模型,该模型的数学表达式为:

$$y = Ax + n \tag{1.1}$$

其中,y 代表退化后的图像,x 代表原始的高质量图像,n 代表加性噪声,通常假设为具有已知方差的零均值 Gaussian 噪声,而 A 则代表影响图像质量的多种因素,如运动、模糊和下采样等(可以是这些因素的组合或单独作用结果)。A 的具体形式对于图像复原的效果至关重要。若 A 为单位矩阵,则任务主要涉及去噪;若 A 为模糊核,则任务转变为去模糊;若 A 为下采样矩阵,则任务对应于图像的超分辨率重建。本质上,从退化图像 y 中重建高质量图像 x 是一个病态的逆问题,因为该问题通常存在多个解或解的不确定性较大。

根据公式(1.1)，图像从高质量状态 x 退化到低质量状态 y 是一个正向过程，而图像复原技术则致力于逆转这一过程，即从退化的图像 y 中恢复出高质量的图像 x。这一过程基于数学方法，旨在消除退化模型中 A 的影响。根据 Tikhonov 对逆问题的理论，图像复原技术在数学上是对逆问题的求解，涉及对方程解的正则化处理。因此，图像复原技术的研究不可避免地要面对不适定问题(病态问题)与适定问题(良性问题)。

适定问题需满足三个条件：解的存在性、解的唯一性和解的稳定性。如果这三个条件中任何一个不满足，问题就属于不适定问题。具体条件如下：

(1) 解的存在性。图像在成像过程中会受到多种未知因素的影响，这使得建立一个精确模拟真实退化过程的物理观察模型变得困难。同时，噪声的存在也可能导致系统不可逆，使得从低质量图像中重建高质量图像变得不可能。因此，对于本书的研究对象，可能不存在一个理想的复原结果。

(2) 解的唯一性。高质量图像包含丰富的高频信息，但成像系统及其外部环境的影响可能导致低质量图像丢失这些信息。在求解过程中，这种信息的丢失使得系统对解的约束不足。由于方程组的方程数少于未知数，导致方程组欠定，从而可能存在多个重建结果。

(3) 解的稳定性。解的稳定性指的是解对定解条件的连续依赖性。在成像过程中，即使是微小的噪声扰动也可能导致结果的显著变化，这表明解的不稳定性。对于本书的研究对象，由于系统和外界因素的影响，这种扰动是常见的。

在现实世界的图像复原实践中，除了理想化的情境，大多数情况下所面对的都是不适定问题。这意味着在图像复原过程中，由于存在多个可能的解，或者解对输入数据的微小变化极为敏感，使得寻找一个稳定且唯一的高质量图像变得复杂。这种不适定性要求研究者采用先进的数学方法和算法来正则化问题，以确保复原结果的可靠性和有效性。

1.3 图像复原技术之图像超分辨率重建的研究现状

本章旨在探讨图像复原技术在解决图像低分辨率问题方面的最新研究进展。图像分辨率(Image Resolution，IR)，即图像能够呈现的细节丰富程度，是评估图像质量的关键指标，通常以单位面积内的像素数量来衡量。高分辨率意味着图像能够展现更多可辨识的细节，携带更多的有用信息，因而具有更高的视觉价值。

当前，市场上数字成像系统采用电荷耦合器件(Charge-Coupled Device，CCD)及互补金属-氧化物-半导体(Complementary Metal-Oxide-Semiconductor，CMOS)作

为图像传感器。然而，在实际应用中，廉价的图像传感器在日常的消费领域拥有较高的市场占有率，通过这些设备获取的图像常常无法满足对高分辨率(High Resolution, HR)图像的需求。从提升 IR 的角度来看，硬件改进似乎是一个可行的方案。硬件改进主要有两种途径：一是减小传感器上像素的尺寸以增加单位面积内的像素数量，但这会减少单个像素的光照量，引入散射噪声，并增加制造成本。据数据显示，0.35μm 尺寸的 CMOS 器件的像素尺寸下限约为 40μm²，现有的制造工艺已接近极限。二是扩大集成电路板的尺寸，但这会导致电容增加，难以提升电荷转移速度，影响图像传输速度，并可能扭曲图像，同时成本也较高，难以普及。

因此，研究者们开始探索除硬件改进之外的其他技术手段来提升 IR。基于信号处理理论的 IR 提升方法是目前最常用的方法之一，也是研究的热点。这种方法，即图像超分辨率(ISR)重建方法，旨在从低分辨率图像中恢复出在成像过程中丢失的高频信息。ISR 重建方法包括从多幅或单幅低分辨率图像中重建出高分辨率图像的信号处理方法。根据低分辨率图像的数量，ISR 重建方法可分为多幅图像超分辨率(MISR)重建方法和单幅图像超分辨率(SISR)重建方法两种方法。MISR 重建方法利用多幅低分辨率图像来重建高分辨率图像，而 SISR 重建方法则更具挑战性，因为它需要从单幅低分辨率图像中重建高分辨率图像，这在信息量有限的情况下尤为困难。本书介绍的图像复原技术之图像超分辨率重建旨在利用信号处理的方法从仅有的单幅低分辨率图像中重建出一幅高分辨率图像，即 SISR 重建的问题。

图像超分辨率(ISR)重建方法起源于 20 世纪 60 年代初，一直是图像处理学科的核心研究领域。近年来，得益于各种图像复原技术的进步、计算算力的提升及大数据资源的丰富，ISR 重建方法的研究热度持续攀升。图 1.3 展示了 2017 年 1 月至 2023 年 9 月间，我国在 ISR 重建方法领域的论文发表情况，横轴代表年份，纵轴代表论文发表数量。该图显示，ISR 重建方法的论文发表数量呈现逐年增长的态势。图 1.4 统计了 ISR 重建方法在各类科研基金中的申请情况，其中，国家自然科学基金对 ISR 重建方法的支持力度最大(见彩图)。

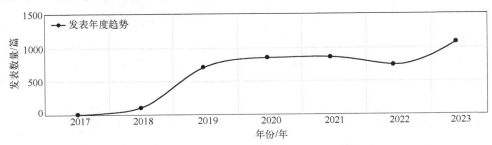

图 1.3 我国从 2017 年 1 月到 2023 年 9 月的 ISR 重建方法的论文发表数量

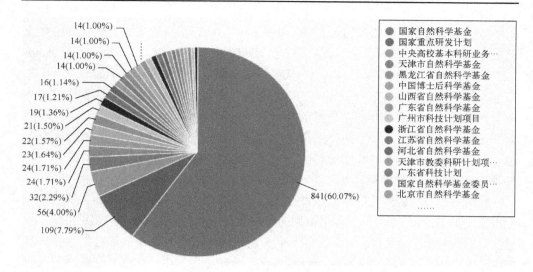

图1.4 ISR重建方法在各类科研基金中的申请情况

为应对ISR重建中的不适定问题,众多解决方案应运而生。总体而言,这些解决方案主要分为两大类:一类是基于频域的ISR重建方法,另一类是基于空域的ISR重建方法。

在ISR重建方法中,第一类方法专注于频域处理。Goodman等人[5]是该领域的开拓者,他们首次提出了利用带限信号外推技术来增强图像的分辨率。Tsai等后续研究者[6]在频域ISR重建领域进一步发展,构建了一个通用的重建框架。该框架首先将低分辨率图像转换到离散傅里叶变换(Discrete Fourier Transform,DFT)域,然后根据低分辨率图像的DFT系数与高分辨率图像的DFT系数间的关联进行整合,最终通过逆变换得到高分辨率图像。然而,这种方法假设低分辨率图像无噪声干扰且全局变换参数已知,这限制了其在实际应用中的有效性。为提高Tsai框架的运算效率,Rhee等人[7]引入了离散余弦变换(Discrete Cosine Transform,DCT)方法,以加速图像去卷积过程。Woods等人[8]则开发了一种迭代的期望最大化(Expectation Maximization,EM)算法,以实现图像匹配、盲去卷积和插值的同步处理。这些方法的提出,展示了频域ISR重建方法在处理速度和多任务处理能力上的不断进步。

DFT,作为一种整体性的变换手段,存在一些固有的局限,尤其是在局部分析方面的能力不足,这限制了其在图像重建方面的应用潜力。与之相对的是,小波变换凭借其在时域和频域内对信号进行局部分析的能力,能够有效地提取关键信息,成为图像处理领域的一大利器。小波变换为图像提供了一种多尺度的强有力表示,使得众多研究者得以设计出多种基于小波变换的高频信息重建方法。

El-Khamy 等人[9]提出了一种小波域图像重建方法，该技术通过在小波域内对多个低分辨率图像进行匹配，然后融合这些图像的小波系数以生成中间图像，并通过插值方法得到所需的高分辨率图像。Chappalli 等人[10]则将去噪步骤集成到小波变换重建框架中，实现了去噪与图像重建的同步进行。Ji 等人[11]针对匹配和模糊辨识中的误差问题，开发了鲁棒性更强的小波重建方法。Zhou 等人[12]进一步提出了一种基于小波的本征变换方法，通过小波变换将低分辨率图像分解为高频带和低频带，利用插值方法提升低频带分辨率，并通过本征变换估计高分辨率图像的高频带小波系数，最后通过逆小波变换合成高分辨率图像。Robinson 等人[13]将傅里叶—小波去卷积和去噪的混合方法扩展到多图像重建领域。Devi 等人[14]则开发了一种结合傅里叶—小波变换的图像重建方法，利用傅里叶维纳滤波模型锐化图像，并通过小波去噪模型清除噪声。Takemura 等人[15]则提出了一种结合维纳滤波和小波变换的方法，专门用于解决图像超分辨率重建问题。

在图像超分辨率重建领域，国内学者已经取得了显著的进展，尤其是在频域方法上。例如，姜东玉[16]提出了一种基于小波高频重建的 SHR 高分辨率方法，该方法在小波反变换时适当降低高频能量，以优化图像质量。乔建苹等人[17]开发了一种基于对数—小波变换的人脸识别方法，利用 Log-WT 的光照不变性，结合流形学习思想进行人脸重建，尤其在去除阴影效应方面表现出色。彭勃等人[18]使用提升小波理论进行图像的超分辨率重建，该方法在处理多幅低分辨率图像时展现出较快的重建速度。焦斌亮等人[19]为解决第一代小波的不均匀采样问题，采用了第二代小波进行图像超分辨率重建，该方法在逆变换和扩展性方面表现良好。孙琰玥等人[20]设计了一种改进的小波局部适应插值方法，有效解决了重建图像边缘不平滑的问题。这些方法虽然利用了傅里叶变换和小波变换的优势，易于实现且计算复杂度低，减少了对训练集的依赖和对高对齐精度的要求。但是，它们在处理复杂的图像降质模型时存在局限性，且在发掘图像先验信息方面的能力有限。因此，研究者们正在探索新的技术和算法，以期在 ISR 重建领域实现更准确的图像恢复。随着技术的不断发展，基于小波变换的图像重建方法或许将继续在图像处理领域发挥着重要的辅助作用。

在 ISR 重建方法中，第二类方法专注于空域处理。基于空域的方法因其在处理图像时能够利用空间信息的特点而受到广泛关注。近年来，国内外众多研究机构在这一领域取得了显著的进展。国外的研究团队，如美国加州大学圣克鲁兹分校、伊利诺伊大学厄巴纳香槟分校、以色列理工学院及日本 NEC 实验室等，都在此领域做出了重要贡献。国内方面，香港理工大学、电子科技大学、中国科学技术大学、西安电子科技大学、华中科技大学及重庆大学等高校的研究团队也取得了一系列研究成果。此外，微软亚洲研究院、中国科学院等知名研究机构也在积极推动相关研究。目前，基于空域的 ISR 重建方法主要可以分为四大类：基于插值的方法、基于退化模型的方法、基于样例学习的方法及基于深度学习的方法。这些方法各有特点，分别适用于不同的应用场景和需求。

基于插值的方法因其实现简单和计算效率高而受到青睐。这些方法主要包括双立方(Bicubic Interpolation，BI)方法、最近邻(Nearest Neighbor，NN)方法、双线性(BILinear，BIL)插值方法等。尽管它们在处理噪声污染的低分辨率图像时可能效果不佳，但它们为图像重建提供了基础。为提升图像质量，研究者们开发了多种改进的插值方法。Chuah 等人[21]提出了一种自适应图像插值方法，通过迭代应用非线性滤波器来增强图像的高频细节。El-Khamy 等人[22]则针对图像重建中的逆问题，提出了三种解决方案：线性最小均方误差、熵最大化方法和正则化方法，以优化重建过程。Chen 等人[23]为提高非线性插值的精度，基于模糊逻辑原理设计了一种模糊线性插值方法，该方法能够自适应地调整像素间的权重，从而提高重建图像的质量。Nemirovsky 等人[24]利用 Markov 模型描述像素间的相关性，开发了一种基于该模型的插值重建方法，有效捕捉图像的局部特征。Mishiba 等人[25]针对自适应图像插值方法计算量大和可能出现不自然纹理的问题，提出了一种边缘自适应重建技术。该技术在处理图像边缘时采用方向性平滑滤波器，以增强边缘的自然过渡。Kim 等人[26]则通过利用图像的曲率信息，设计了一种曲率插值方法，进一步提升了边缘的锐度并减少了噪声。Han 等人[27]考虑到边缘自适应插值在图像锐化方面的优势，开发了一种基于各向异性高斯滤波器的边缘自适应插值方法。这种方法在平滑图像边缘的同时，有效去除了锯齿状的伪影。总体而言，这些基于插值的重建方法在提升图像分辨率的同时，也致力于减少噪声和伪影，以改善图像的视觉质量。随着技术的不断进步，这些方法在图像超分辨率重建领域仍将继续发挥重要作用。

国内学者提出了多种基于插值的重建方法。这些方法通过分析高分辨率图像与低分辨率图像间的局部特性，设计了多种有效的重建策略。例如，Li 等人[28]利用高分辨率图像与低分辨率图像的局部协方差关系，提出了一种基于边缘方向的插值重建方法。在该方法中，通过降低小波反变换时的高频能量，优化了重建图像的质量。Zhang 等人[29]在 Li 等人的方法基础上，进一步开发了一种自适应二维自回归模型与软决策估计相结合的重建方法，以增强图像的空间分辨率并保护图像的细微边缘。Chen 等人[30]则通过结合模糊理论和遗传学习理论，设计了一种新的边缘自适应距离度量，用以改进基于核的插值重建方法，并通过遗传学习算法自动学习模糊系统的参数。Huang 等人[31]提出了一种加权最小平方估计的软决策插值重建方法，通过在参数估计和数据估计阶段采用加权最小平方估计，提高了数据估计的鲁棒性，并解决了参数估计阶段的几何对偶性误匹配问题。Zhang 等人[32]还开发了一种窗口化的普通 Kriging 插值重建方法，该方法在考虑局部窗口中像素间的亮度距离和几何结构的同时，有效保护了图像边缘。

尽管这些基于空域的插值重建方法在实现上相对简单，计算复杂度较低，但它们在处理复杂的图像降质模型时可能存在局限性。特别是在需要较高重建倍数时，这些方法的重建效果可能不尽人意。然而，在对重建图像质量要求不高、计算速度要求较快的应用场景中，这些基于插值的重建方法仍然是一个有效的选择。随着技术的不断发展，这些方法有望在未来的图像超分辨率重建领域发挥更大的作用。

基于退化模型的方法通过优化目标函数来恢复高分辨率图像，该函数一般由数据保真项和正则化项组成。数据保真项确保重建的高分辨率图像在经过模拟退化过程后与低分辨率图像在结构上相匹配；正则化项则赋予重建图像特定的先验特性。为协调这两项的权重，正则化参数被引入模型中。学术界已经开发了多种基于退化模型的重建技术。Irani 等人[33]提出了一种迭代反向投影技术，该技术通过配准多幅低分辨率图像并估计运动，生成初始高分辨率图像，然后通过比较退化后的低分辨率图像与原低分辨率图像的误差，迭代优化高分辨率图像。Farsiu 等人[34]则设计了一种引入 l_1-范数双边总变差（BTV）正则化的快速鲁棒重建方法，该方法在保留图像细节和边缘方面表现出色，但未考虑局部平滑先验，因此缺乏局部自适应性。为获得自适应且鲁棒的正则化参数，Zibetti 等人[35]提出了一种联合最大后验概率（JMAP）估计方法，该方法解决了多参数与单参数正则化的选择问题，提供了比传统方法更稳定的估计，并能揭示多个局部最小值。Protter 等人[36]进一步考虑了图像的非局部先验，提出了一种基于非局部均值的重建方法，该方法通过在自定义窗口内对图像块进行加权平均，有效保护了边缘并重建了细节。He 等人[37]构建了一个最大后验概率（MAP）框架，整合了数据保真项和正则化项。Panagiotopoulou 等人[38]则通过组合不同的数据保真项（基于 l_1-范数、l_2-范数、Huber 范数和 Lorentzian 范数）和正则化项（Tikhonov 先验和 BTV 先验），研究了这些组合对重建效果的影响。这些方法在图像超分辨率重建中展现了各自的优势和特点，为解决图像退化问题提供了多样化的解决方案。通过精心设计的正则化参数选择方法，这些技术能够在保持图像细节的同时，有效提高图像的分辨率。随着研究的深入，这些方法有望在未来的图像处理应用中发挥更大的作用。

Li 等人[39]提出了一种集成了局部自适应双边全变差（BTV）正则项和梯度一致性正则项的改进模型，有效提升了图像边缘的重建质量。Ning 等人[40]则结合了多图像与单图像重建方法，提出了一种混合重建策略，该策略首先通过启发式迭代子像素匹配生成高分辨率图像，随后利用稀疏先验进行增强。Zeng 等人[41]为结合 l_1-范

数和 l_2-范数的优势，开发了一种基于半平方估计和改进 BTV 正则项的重建方法，该方法在多图像重建任务中能够产生锐化边缘的高分辨率图像。在最大后验概率(MAP)框架下，Zhang 等人[42]利用图像的局部和非局部先验知识，提出了一种结合非局部均值和操作核回归的重建方法，该方法在保护图像边缘、细节重建和噪声抑制方面表现出色，并且能够处理轻微模糊的图像。为减少对训练数据集的依赖，Li 等人[43]开发了一种混合 TV 重建模型，该模型通过结合操作核回归 TV 和非局部均值 TV 正则项，并采用分裂 Bregman 迭代算法进行求解。Yue 等人[44]针对混合噪声和异常值问题，设计了一种局部自适应的 l_1-l_2 范数重建模型，该模型能够根据像素特性分配不同的范数，其中 l_1-范数适用于处理脉冲噪声和运动异常，而 l_2-范数则适用于其他情况。

尽管基于退化模型的重建方法在小放大倍数下(通常小于 2 倍)能够取得较好的重建效果，但这些方法存在一些局限性。首先，选择合适的正则化参数对于这些方法的性能至关重要，然而，在实际应用中很难确定最佳参数，通常需要人工干预。其次，这些方法依赖于精确的图像匹配算法，而错误的匹配可能会严重影响重建结果，目前尚缺乏能够完全支持这些方法的匹配技术。因此，未来的研究需要在自动化参数选择和改进图像匹配算法方面进行更多的探索。

基于样例学习的图像超分辨率重建方法源于机器学习领域，其核心在于先从多对高分辨率图像和低分辨率图像中学习共生先验，然后将这些先验应用于新低分辨率图像的高频细节增强。由于图像数据的高维度特性，这类方法通常在图像块级别上操作。处理流程包括将图像划分为小块，独立重建每个块，最后将它们融合以形成完整的高分辨率图像。Freeman 等人[45]首次提出了一种基于样例学习的 ISR 重建方法，该方法通过马尔可夫随机场(MRF)模拟高分辨率和低分辨率图像块间的空间关系，利用置信度传播算法学习块间的高频分量关系，并将这些细节信息添加到高分辨率图像的初步估计中。He 等人[46]随后开发了一种结合主成分分析(PCA)和局部线性嵌入的人脸识别方法，该方法首先通过 PCA 进行全局重建，然后通过局部线性嵌入进行细节增强。Ozdemir 等人[47]提出了一种结合多图像超分辨率技术和样例学习的方法，通过假设不同尺度下图像块内容的相似性和重复性，实现单幅图像的超分辨率重建。为提高重建质量，Kim 等人[48]建立了一个鲁棒的全局和局部误差范数模型，以识别并排除可能导致伪影的异常图像块。在同一时期，Kim 等人还提出了一种基于稀疏回归和自然图像先验的重建方法，该方法使用核岭回归(KRR)学习高分辨率图像和低分辨率图像间的映射关系，并结合核匹配追踪和梯度下降法来求解重建模型，有效获取稀疏解并降低训练复杂度。考虑到从训练集中为单幅低分辨率图像选取相应高分辨率图像块的难度，Kim 等人进一步提出了一种结构分析的图像重建方法。该方法首先选取候选高分辨率图像块并将其添加到低分辨率图像中，然后根据块的锐度剔除异常块，最后融合以形成高分辨率图像，尤其在处理边缘时表现良好。Bevilacqua 等人[49]设计了一种基于邻域嵌入的图像重建方法，该方法在计算邻域图像块间权重时，通过约束权重符号并使用半非负矩阵因式分解来增强鲁棒性。

这些基于样例学习的重建方法在图像超分辨率重建领域展现了显著的潜力，尤其是在处理具有复杂纹理和细节的图像时。随着机器学习技术的不断进步，这些方法有望在未来的图像处理应用中实现更高的重建精度和效率。

随着压缩感知理论的兴起，研究者们开始探索利用稀疏表示理论进行图像重建。基于稀疏表示的图像超分辨率重建(ISR)方法应运而生。Yang 等人[50]首次提出了一种基于稀疏表示的 ISR 重建方法，该方法通过训练样本中的高分辨率图像和低分辨率图像，构建高分辨率和低分辨率字典对，然后利用低分辨率字典求解低分辨率图像块的稀疏表示系数，最终结合高分辨率字典和这些系数重建高分辨率图像块。尽管此方法依赖大量训练样本且训练耗时，但为后续研究奠定了基础。为提高高分辨率图像和低分辨率图像稀疏表示系数的一致性，Yang 等人进一步开发了联合训练字典方法，该方法通过优化字典结构，减少了重建过程中的计算负担。Gajjar 等人[51]则结合非均匀高斯马尔可夫随机场(Inhomogeneous Gaussian Markov Random Field，IGMRF)以及离散小波变换(Discrete Wavelet Transform，DWT)提出了一种重建方法，通过 DWT 提取特征，利用 IGMRF 建立先验模型，并采用最大后验概率(MAP)估计和梯度下降法优化高分辨率图像。Hawe 等人[512]指出，ISR 重建的质量受到稀疏表示分析模型中分析符号选择的影响，提出了基于几何分析模型从训练样本中学习分析符号的方法。在医学图像重建领域，考虑到相似图像的训练集易于获取，Trinh 等人[53]开发了一种非负稀疏线性表示模型，该模型利用训练库中的样本作为字典原子，为医学图像的重建提供了一种有效的解决方案。

国内研究者，诸如 Chang 等人[54]提出了一种基于局部线性嵌入(LLE)的重建方法，该方法基于低分辨率和高分辨率图像块在特征空间内具有相似流形结构的假设。然而，这种方法由于存在过匹配问题，重建结果可能会显得模糊。为克服高分辨率图像和低分辨率图像间的异构性，浦剑等人[55]开发了一种结合字典学习和稀疏表示的重建方法。孙玉宝等人[56]针对图像的几何和纹理结构，设计了一种多形态稀疏性正则化的重建方法。通过构建符合类内强稀疏和类间强不相干特性的几何结构和纹理分量的稀疏表示子成分字典，该方法能有效保持重建图像的几何和纹理结构。Dong 等人[57]则将局部自回归先验和非局部自相似性先验引入稀疏表示模型中，以利用图像的先验信息进行重建，尤其在边缘锐化和细节重建方面表现出色。考虑到图像块的异构性，Yang 等人[58]提出了一种基于 K-means 聚类的稀疏表示重建方法。

该方法通过 K-means 对图像块进行分类，然后为每个类别训练相应的字典，并通过匹配低分辨率图像块与聚类中心来选择适当的字典进行重建。但由于 K-means 缺乏监督能力，Yang 等人[59]随后开发了一种几何字典学习方法，利用图像块的主方向作为监督信息来训练结构字典。Lu 等人[60]设计了一种基于 F-范数约束的非局部自相似性先验模型，用于训练结构字典和正则化稀疏表示系数。Yang 等人[61]进一步结合了图像块的双稀疏先验和非局部自相似性先验，提出了一种先验模型来正则化稀疏表示系数。Lu 等人[62]还设计了一种双稀疏正则化流形学习模型，利用局部流形结构和稀疏先验进行图像重建。为抑制稀疏表示系数中的噪声，Dong 等人[63]提出了一种非局部集中稀疏表示模型。在同年，为提升稀疏表示模型的性能，Dong 等人将图像先验引入模型的数据似然项中，设计了一种非局部自回归模型稀疏表示模型，该方法在保护边缘和去除噪声方面表现良好。这些方法通过不同的技术手段和模型设计，提高了图像超分辨率重建的质量和效率。随着研究的深入，这些技术有望在未来的图像处理领域中发挥更大的作用，尤其是在自动化和智能化图像分析方面。

基于深度学习的重建方法是指利用深度卷积神经网络(Convolutional Neural Network，CNN)挖掘低分辨率图像和高分辨率图像间的共生关系进而完成图像的超分辨率重建，主要包括以下 4 个方面：为训练深度 CNN，需要构建一个包含高分辨率图像和对应低分辨率图像的数据集；设计一个合适的深度 CNN，用于从低分辨率图像中提取特征，并将其映射到高分辨率图像空间；定义一个合适的损失函数，用于评估网络输出近似高分辨率图像与真实高分辨率图像间的不同；通过 BP 算法，优化网络参数，使网络输出的图像与真实高分辨率图像间的差异最小化。基于深度学习的重建方法的优点在于其可以自动学习图像特征，不需要手动设计特征提取器，同时可以通过大规模数据集的训练，提高算法的泛化能力和鲁棒性。通过分析 CNN 和稀疏表示超分辨率重建方法间的联系，Dong 等人[64]首次提出了基于 CNN 的 SRCNN 图像重建模型。该模型在训练过程中可以通过反向传播算法自动完成，不需要手动设计特征提取器，大大简化了算法实现和应用的步骤。在多个基准数据集上对 SRCNN 图像重建模型进行实验验证，结果表明，其在图像超分辨率重建上取得了优秀的性能，成为该领域的经典方法之一。随后，在国外，Lim 等人[65]通过去除传统残差网络中批标准化(Batch Normalization，BN)算法模块，设计了一种增强型深度超分辨率网络(Enhanced Deep Super-Resolution network，EDSR)。相比传统的插值重建方法和基于稀疏表示的图像重建方法，EDSR 方法能够更好地保留图像细节和纹理信息。Tai 等人[66]提出了一种 DRRN 深度递归残差网络来递归提取图像特征。该模型采用 Global/Local 方式来降低训练非常深的网络的难度，使用递归学习来控制模型的参数，同时增加模型的深度。Yamanaka 等人[67]提出了一种图像超分辨率重建方法。该模型采用了深度 CNN 结构、稠密连接模块和残差学习模块等技术，能够实现高效的、高质量的图像超分辨率重建，并通过模型参数优化模块提高模型的泛化能力和鲁棒性。为克服规范化流模型时数据分布不匹配的问题，Kim 等人[68]提出一种基于流形学习的图像超分辨率重建方法。该方法通过引入噪声条件流模型来学习超分辨率空间，并且能够在不同的噪声条件下进行图像重建。Rombach 等人[69]提出一种基于潜在扩散模型的重建框架，经过引入潜在扩散模型来学习图像的潜在表示，并且能够在不同的噪声条件下进行图像重建。受去噪扩散概率模型和去噪分数匹配的启发，Saharia 等人[70]提出了 SR3 图像超分辨率重建方法。该方法采用了深度 CNN 结构、迭代优化模块和残差学习模块等技术，能够实现高效的、高质量的图像超分辨率重建，并通过迭代优化策略逐步提高图像的分辨率。

在国内，李浪宇等人[71]构建了一个细节增强网络，该网络利用图像的局部相似性来丰富特征，并借助卷积层整合了细节增强后的特征与原有特征提取网络的输出。该方法能够在较少的训练及比较浅的网络下获得有效的重建图像并且保留更多的图像高频信息。彭亚丽等人[72]开发了一种深度逆 CNN 图像超分辨率技术，通过反卷积实现图像放大，随后采用深度映射消除放大过程中的噪声和伪影，并通过残差学习简化网络结构，预防了深度网络的退化问题。李现国等人[73]设计了一种具有中间层监督的 CNN 结构。该网络通过设计监督层误差函数和重建误差函数，来解决梯度消失的问题。应自炉等人[74]融合 GoogleNet、残差网络和密集型卷积网络构建的思想，提出一种多尺度密集残差网络模型。该模型能够较好地重建低分辨率图像的边缘和纹理信息。Yang 等人[75]设计了一种循环神经网络以捕捉图像的空间特征，该网络采用转置卷积上采样替代双立方插值，并融合了递归残差模块中的多尺度特征，以重建高分辨率图像。雷鹏程等人[76]提出轻量级的层次特征融合空间注意力网络。该网络结合了空间注意力模块和分层特征融合结构的优势，可快速重建图像的高频细节并且具有较小的计算复杂度。Niu 等人[77]提出一种由 LAM 层注意力和 CSAM 通道空间注意力组成的整体注意力网络。该网络中，LAM 通过考虑层间的相关性来自适应地强调层次特征，CSAM 通过学习每个通道所有位置处的置信度以选择性地捕捉更多的信息特征。为充分利用残差分支上的层次特征，Liu 等人[78]提出了残差特征聚合(Residual Feature Aggregation，RFA)框架。此框架通过设计一个增强空间注意力(Enhanced Spatial Attention，ESA)块，使残差特征更加关注关键的空间内容。Chen 等人[79]采用了预训练的 Transformer 模型、多个 Transformer 编码器和解码器等技术，能够实现高效的、高质量的图像超分辨率重建，并具有较好的可解释性和可调节性。同时，该方法还可以通过微调预训练模型来适应不同的图像处理任务，具有更强的适应性和实用性。Lan 等人[80]提出了一种具有多尺度特征表达和特征相关性学习的轻量级网络(MADNet)。该模型的具有注意力机制的残差多尺度模块能增强信息多尺度特征的表示能力。Zhang 等人[81]提出了一种基于高效远超注意力网络(Efficient Long- distance Attention Network，ELAN)的图像重建方法。该网络通过将两个移位卷积与逐组的多尺度自注意力(Group-wise Multi-scale Sel-Attention，GMSA)模块级联来构建高效远程注意力块(Efficient Long-distance Attention Block，ELAB)，并使用共享注意力机制来进一步加速。Chen 等人[82]结合自注意力、通道注意力和重叠交叉注意力开发了混合注意力 Transformer(Hybrid Attention Transformer，HAT)图像重建方法。该模型引入像素激活机制，能够激活更多的像素信息。Wang 等人[83]提出了一种基于 Transformer 的图像复原模型 Uformer。该模型使用 Transformer 块构建了一个分层编码器—解码器网络并设计了一种新的局部增强窗口转换器块，显著降低了高分辨率特征图的计算复杂度。Niu 等人[84]提出了基于 DPM 的超分辨率后处理方法(cDPMSR)。该方法在待测试的低分辨率图像上应用预训练 SR 模型后，采用标准 DPM 进行条件图像生成，并通过确定性的迭代去噪过程执行图像超分辨率重建。Sun 等人[85]基于 Vision Transformer 提出了一种空间自适应特征调制(Spatial Adaptive Feature Modulation，SAFM)机制，该机制探索了基于多尺度特征表示的调制机制的远程适应性。为补充本地上下文信息，他们进一步提出了一个紧凑的卷积通道器来编码空间局部上下文信息并同时进行通道混合。Gao 等人[86]设计了一种用于高保真连续图像超分辨率的隐式扩散模型(Implicit Diffusion Model，IDM)。IDM 在解码过程中采用隐式神经表达来学习连续分辨率表示，并通过一种由低分辨率调节网络和比例因子组成的尺度自适应调节机制来缩放因子调节分辨率，使模型能够满足连续分辨率的要求。Luo 等人[87]提出了一种基于 UNet 的潜在扩散模型。该模型在低分辨率潜在空间中执行扩散，同时保留原始输入的高分辨率信息用于解码过程，提高了扩散模型在真实图像重建中的适用性。

1.4　图像复原技术之图像去噪的研究现状

本书接着介绍针对图像去噪问题的图像复原技术的研究现状。图像去噪是一种数字图像处理技术，旨在从图像中去除噪声，以提高图像的质量和清晰度。噪声源于图像采集、传输或处理过程中引入的随机扰动，它会导致图像细节模糊、图像失真和图像信噪比降低等问题。在众多图像中普遍存在各种噪声，例如，Gaussian 噪声、脉冲噪声、量化噪声、泊松噪声等是文献中讨论最多的噪声。就去除噪声角度来讲，改造硬件是一个看似可行的途径。通常的硬件去噪方法是通过增加单位像素接收到的光子个数来增加图像的信噪比。例如，在像素个数固定的情况下，若增加感光元器件的尺寸，则每个像素的面积增大了，单位时间内接收到的光子个数就变多了。另外，还可以通过增大光圈的方法来去除噪声。具体来讲，通过增加进光亮，感光元器件上接收到的光子个数增加。背照式和堆栈式的 CMOS 器件通过将感光元器件的处理电路下移，减少电路对光线的反射和吸收，进而增加感光区域的实际占比。然而，改造硬件的方法也存在一些缺陷。首先，因为需要购买更高质量的传感器、镜头和滤波器等设备，改造硬件需要更高的成本投入。其次，改造硬件对噪声去除的效果有限，这是因为传感器的物理特性和噪声源的本质限制了其去噪的能力。例如，在低光环境下，图像信噪比会降低，导致图像的质量下降，即便使用更高质量的传感器也难以完全去除噪声。此外，还可以利用信号处理理论来去除观察图像中的噪声，该方式切实可行，成本相对低廉。基于信号处理理论，为解决图像去噪这个不适定问题，涌现出很多优秀的图像去噪方法。

图像去噪方法是图像处理领域重要的研究课题之一。图 1.5 统计了我国从 2017 年 1 月到 2023 年 9 月的图像去噪方法的论文发表数量，其中，横坐标表示年份，纵坐标表示发表数量。从图 1.5 中可以得知，研究图像去噪方法的论文发表数量呈现逐年上升的趋势。图 1.6 统计了图像去噪方法在各类科研基金中的申请情况，其中，国家自然科学基金对图像去噪方法的支持力度最大（见彩图）。

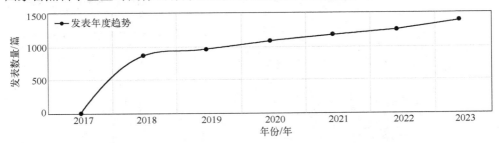

图 1.5　我国从 2017 年 1 月到 2023 年 9 月的图像去噪方法的论文发表数量

图像去噪方法可分为两类：基于频域的图像去噪方法和基于空域的图像去噪方法。

第一类，基于频域的图像去噪方法。该类方法通过分析噪声的频谱特性，先将图像由空域转换至频域，接着在频域内实施去噪操作，最终通过逆变换将处理后的图像还原至空域。比较经典的变换方法包括傅里叶变换、小波变换等。由于在小波图像去噪中选择适当的小波系数分布模型非常重要，因此 Rabbani 等人[88]提出了一种基于每个子带中的小波系数用拉普拉斯概率密度函数混合模型建模的图像去噪方法。该模型通过在混合模型中使用局部参数来捕捉小波系数的重尾特性。局部参数能够有效地模拟从实际观测中获取的系数幅度间的相关性。大多数子采样滤波器组缺乏平移不变性这个重要的特征，而平移不变性在图像去噪的应用中非常重要。因此，Eslami 等人[89]提出了一种新的方法将一般的多通道、多维度滤波器组转换为相应的平移不变框架。方向信息是自然图像和合成图像的重要组成部分，Park 等人[90]提出了一个关于方向基的图像去噪方法，该方法利用了多方向选择性滤波器的多分辨率傅里叶变换自适应地将图像分解为一组方向基的独立分量分析。Plonka 等人[91]使用非线性反应扩散方程和方向小波框架对纹理图像进行去噪。在该模型中，利用曲线小波收缩来规范扩散过程，以保留扩散平滑中的重要特征。同时，该模型将波原子收缩作为反应，以保留和增强定向纹理。在图像去噪和图像增强中需要同时进行低通和高通的处理，为此，Ratner 等人[92]引入一类二阶（时间上的）偏微分方程。该方程通过提供自适应的低通滤波器，能够在去噪的应用中实现更好的边缘保留，它比自适应扩散滤波器更好地保留了通带中的高频分量，同时在边缘处实现了误差传播的减缓。

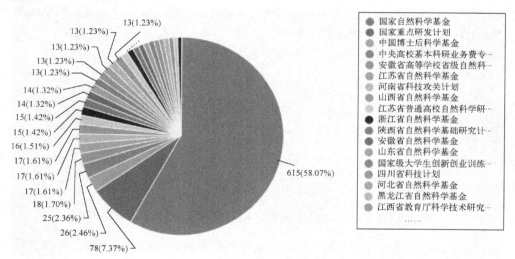

图 1.6　图像去噪方法在各类科研基金中的申请情况

在国内，为解决多重分形分析在估计有限长离散数据的多重分形谱时存在的缺陷，李会方等人[93]提出了一种基于奇异性分析的多重分形图像去噪方法。非局部去噪方法在获得显著的去噪效果的同时，计算成本很高，为此，Wang 等人[94]提出了一种新的图像去噪方法。该方法首先引入一个关于邻域窗口相似性的近似度量，然后使用高效的 Summed Square Image 方案和快速傅里叶变换来加速计算这个度量。该方法降低了计算邻域窗口相似性的成本。周先国等人[95]通过离散余弦变换对

Contourlet 域中的噪声能量进行估计来实现去噪。该方法不需要对噪声方差进行估计，而是直接利用离散余弦变换来对高频各子带进行局部特征的提取，以便估计噪声能量的阈值。王智文等人[96]针对传统分形小波去噪在边缘和细节保护方面的不足，开发了一种多元统计模型驱动的自适应分形小波去噪技术。小波分解的层数和阈值函数的选择会影响图像去噪的性能，为此，牟奇春[97]提出了一种改进的二维 Haar 小波阈值方法来实现图像去噪。

第二类，基于空域的图像去噪方法。该类方法的基本思想是在图像的每个像素周围应用一个滤波器，以去除图像中的噪声。基于空域的图像去噪方法大致分为基于正则化模型的图像去噪方法、基于深度学习的图像去噪方法两个研究分支。

第一个研究分支是基于正则化模型的图像去噪方法，它的基本原理是通过引入正则项来约束去噪方法的解，以实现对图像中的噪声进行抑制和去除的目的。基于正则化模型的图像去噪方法借助正则化方法的优良特性，能够在去噪的过程中平衡信号保真度和噪声抑制的效果。具体来说，基于正则化模型的图像去噪方法通常采用以下 3 个步骤：首先，需要对图像中的噪声进行建模，常见的噪声模型包括 Gaussian 噪声、脉冲噪声等。根据噪声的特点进行合适的建模，能够更好地指导后续的去噪方法的设计。然后，建立优化目标函数来描述去噪问题，并引入正则项。通常的优化目标函数可以表示为最小化观测图像与重建图像间的差异，同时在正则项中考虑图像的平滑性或稀疏性等先验。优化目标函数的设计需要综合考虑图像复原的保真度和噪声抑制的效果。最后，利用数值优化方法求解上述的优化目标函数，得到最优的重建结果。常用的数值优化方法包括梯度下降法、最小二乘法、迭代收敛阈值法等。通过迭代求解，可以逐渐减小目标函数的值，实现对图像中的噪声进行抑制和去除。基于正则化模型的图像去噪方法包括基于全变分的去噪(如通过最小化图像梯度的全变分实现平滑)、具有非局部先验的图像去噪、基于稀疏表示的图像去噪(如通过稀疏表示的方法恢复图像的稀疏表示系数)等。例如，Charest 等人[98]通过迭代地改进成本函数来解决图像去噪问题。该方法允许在图像估计的偏差和方差间进行权衡，其框架不仅可以扩展到广泛的图像去噪和重建方法中，还可以扩展到去模糊和反演问题中。Tasdizen[99]设计了一种融合主成分分析(PCA)与非局部均值技术的图像去噪策略。该策略通过 PCA 将图像邻域向量映射至降维空间，并基于此空间内的邻近度衡量来计算相似性权重，依此提升去噪的精度与效率。Junez-Ferreira 等人[100]提出一种结合了初步分割和非局部均值的图像去噪方法。该方法利用初步分割信息对噪声图像进行基于初步分割的子采样，分割出显著区，从而减少了要处理的数据量。Adler 等人[101]提出了一种新的加权收缩函数学习方法。该方法通过强调稀疏过完备表示分量的贡献来优化收缩函数的形状，进而最大限度地提高去噪性能。Rehman 等人[102]将结构相似性指数引入非局部均值(Non-Local Means, NLM)图像去噪框架,通过基于估计的结构相似性来决定图像块间的相似性及权值,并调整图像块的对比度和均值,从而提高图像去噪的感知质量。Salvador 等人[103]通过建模似然项、估计自适应图像先验,并自动选择与通常手工调整的正则化常数相当的自适应等效项,来估计观测图像的潜在无噪声图像,这克服了当前参数化去噪方法的局限性。Huang 等人[104]提出了一种新的基于自学习的图像分解框架。该方法首先从输入图像的高频部分学习一个过完备字典,然后进行无监督聚类,以识别具有相似上下文信息的图像相关成分。Hanif 等人[105-106]提出了一种基于多元回归方法的非局部噪声估计图像去噪方法。该方法利用简化的信号子空间代替全观测图像空间,利用奇异值分解的统计强度估计低维信号子空间,减少了计算负担,增强了局部基的筛选。Shikkenawis 等人[107]提出了一种二维正交局部保持投影。该方法直接处理二维格式的图像,减少了在向量中变换它们的工作量,并且空间邻域信息保持不变,这大大降低了该方法的时间复杂度和空间复杂度。

在国内,何坤等人[108]针对传统全变分(TV)去噪在平滑区域降噪不足的问题,提出了一种结合像素梯度和空间梯度的 TV 数值计算图像去噪方法,以增强降噪效果。Zeng 等人[109]提出了一种基于字典对学习的图像去噪方法。该方法设计了相应的基于 Grassmann 流形的 DPLG 方法,能够保留自然图像的 2D 几何结构,从而提高了去噪图像的感知视觉质量。Zhu 等人[110]使用图拉普拉斯算子的特征向量来处理大偏差的噪声,提出了一种基于图拉普拉斯算子的稀疏表示(GL-SR)方法。该方法的功能在于通过引入图拉普拉斯算子的高阶特征向量,提高图像去噪的性能。Chen 等人[111]提出了一种基于字典驱动来进行图像去噪的方法。该方法设计了基于图的正则化算子,用于全局相似性的保持和捕捉纹理块的几何结构与判别特征,通过学习过完备字典和设计一个局部约束来保持空间邻域信息。为解决稀疏去噪方法在稀疏分解阶段的效率问题及冗余的稀疏字典无法有效描述图像特征的问题,焦莉娟等人[112]提出了一种近邻局部 OMP 稀疏表示图像去噪方法。该方法在去噪效果和效率方面都有显著改进,特别适用于纹理丰富的灰度图像去噪。黄金等人[113]提出了一种基于全变分改进的加权维纳滤波图像去噪模型。该模型通过构建新的算子和扩散模型,使图像的每个像素能够自适应地选择最佳的去噪模式,以平滑噪声图像并保护边缘信息,即能够在有效去噪的同时,保持边缘的细节信息。骆骏等人[114]针对噪声影响下稀疏表示系数提取困难的问题,开发了一种基于双重 l_1-范数的图像去噪模型。该模型通过将非局部相似块的组稀疏表示和残差稀疏性纳入正则化项,并采用迭代收敛算法优化模型,以精确提取稀疏表示系数。鲁思琪等人[115]提出了一种新的自适应全变分去噪模型。该模型使平滑区和边缘区达到不同的去噪效果,具有保留边缘和平滑噪声的特点。李潇瑶等人[116]提出了一种自适应非局部三维全变分去噪方法。该方法通过非局部三维全变分正则项获取图像块内和块间的相似性信息，并在优化模型中嵌入自适应权值矩阵，接着根据噪声的分布和迭代结果调整去噪强度。针对低照度图像增强时常见的噪声放大和亮度提高不足、色彩失真等问题，都双丽等人[117]提出了一种基于 Retinex 的图像增强与去噪方法。该方法利用暗通道先验原理估计全局光照并进行光照校正，接着采用 Retinex 顺序分解模型来分离噪声和图像细节，然后利用内、外双重互补先验约束的去噪机制对图像进行去噪。

第二个研究分支是基于深度学习的图像去噪方法，该方法利用深度神经网络从无噪声的图像和被噪声污染的图像中学习出一个映射函数，用于生成去噪后的图像。这种方法在图像去噪中取得了令人瞩目的成果。基于深度学习的图像去噪方法可以归结为以下几个关键要素：首先，需要准备一个标注有输入噪声图像和对应的无噪声图像的训练数据集。这个数据集要足够大且具有多样性，以便深度学习模型能够学习到噪声信号的特征和对应的去噪映射。其次，基于深度学习的图像去噪方法，通常使用 CNN、Transformer 等网络结构来建模噪声图像和无噪声图像间的映射关系。网络结构可以是经典的网络结构(如自编码器、UNet 等)，也可以是经过改进和优化的网络结构，以提高去噪效果。然后，输入噪声图像，并将其输入深度神经网络中进行训练。在训练过程中，深度神经网络通过反向传播方法来不断优化网络参数，以减小噪声图像和无噪声图像间的重建误差。通常使用均方误差(Mean Square Error，MSE)或其他适当的损失函数来指导模型训练。最后，经过模型训练后，深度神经网络可以用于去噪预测。具体来说，给定一幅输入的噪声图像，将其输入已训练好的深度神经网络中，即可获得去噪后的图像作为输出结果。基于深度学习的图像去噪方法的优势在于它能够自动学习噪声模型和图像内容间的复杂关系，具备较强的非线性建模能力。利用大规模的训练数据和深度神经网络的优化能力，它能够实现较好的去噪效果。此外，基于深度学习的图像去噪方法还能适应不同噪声类型和不同程度的噪声处理需求，具备较强的通用性。目前，学术界已经提出了许多不同类型的网络模型来处理图像中的噪声问题。例如，Anwar 等人[118]提出了一种单级盲真实图像去噪网络(RIDNet)。RIDNet 采用了模块化模型，利用了残差结构和特征注意力机制，以改进低频信息传递和通道依赖性。Valsesia 等人[119]提出了一种新型的神经网络模型。该模型通过引入基于图卷积操作的层，使神经元具有非局部感受野，同时提高了图像去噪的定性和定量结果。这一研究为在 CNN 中引入非局部自相似性提供了一种有效的方法。Moran 等人[120]提出了一种图像去噪的神经网络训练方法，不需要访问成对的训练样本，而是通过单一噪声实例和噪声分布模型训练神经网络来实现图像去噪，它适用于多种噪声模型。Gurrola-Ramos 等人[121]提出了一种能够应对不同噪声水平的 RDUNet 图像去噪框架。Ulu 等人[122]提出了一种基于注意力机制的 CNN 图像去噪方法，该方法使用 CNN 提取局部二值模式纹理信息来保留细节，并集成了多层特征提取模块和特征注意力机制。通过构建多层特征注意力网络，该方法实现了高效的图像去噪。

在国内，Zhang 等人[123]提出了一种去噪 CNN（FFDNet）方法。FFDNet 的输入是可调的噪声水平图，不仅能够处理大范围的噪声水平，还能够去除空间的变异噪声。该方法实现了推断速度和去噪性能间的平衡。Gu 等人[124]提出了一种自引导网络（SGN）用于图像去噪，通过自上而下的自引导结构能更有效地利用图像多尺度信息。这种自引导策略使 SGN 能够高效地融合多尺度信息，提取出优质的局部特征。该方法能够显著增大内存和提高运行时的效率。Quan 等人[125]提出了一种自监督学习方法。该方法仅使用输入的噪声图像进行训练，采用 dropout 模型处理输入图像的伯努利采样实例对，并通过对多个 dropout 模型实例生成的预测进行平均来估算结果。这一方法扩大了去噪网络的适用范围。Huang 等人[126]提出了一种仅使用噪声图像进行训练的去噪模型。该模型通过随机邻域子采样器生成训练图像块对，以确保成对图像的像素是相邻的且外观非常相似。此外，该模型还使用这些子采样训练对来训练去噪网络，并引入了额外的正则化损失以提高性能。在通过训练后，该模型可以对任意尺寸的图像进行去噪。Chang 等人[127]提出了一种新型的空间自适应去噪网络（SADNet）。该网络设计了残差型的空间自适应块来应对不同的空间纹理和边缘变化，并引入了可变形卷积来有针对性地处理与空间相关的特征。该网络也采用了编码器—解码器的结构，并引入了上下文块，以捕捉多尺度信息。Fang 等人[128]提出了一种端到端的 CNN 模型。该模型将边缘检测、边缘引导和图像去噪整合在一起，即多级边缘特征引导网络（MLEFGN）。王迪等人[129]提出了一种自监督约束的双尺度真实图像盲去噪方法。该方法包括噪声估计子网络和非盲去噪子网络，前者预测噪声强度，后者根据预测进行去噪。Fan 等人[130]提出了一种 SUNet 的去噪模型，它采用 Swin Transformer 层作为基础组件，并将其嵌入 UNet 模型中，用于图像去噪。Zhao 等人[131]通过融合 Transformer 编码器和卷积解码器网络的混合去噪模型提出了一种 TECDNet 网络。该网络通过使用基于径向基函数（RBF）的 Transformer 编码器，提高了模型的表示能力。在卷积解码器中，该网络采用了残差 CNN，显著降低了计算的复杂度。Huang 等人[132]将小波变换与图像去噪方法相结合提出了一种 WINNet 网络。该网络包括可逆网络（LINNs）、稀疏驱动的去噪网络和噪声估计网络。Jiang 等人[133]提出了一种可塑卷积（MalleConv）方法。该方法使用了一组小的空间变化的卷积核。这些空间变化的卷积核是由一个高效的预测网络生成的，因此其计算起来更加高效，扩大了网络的感受野。Li[134]提出了一种 TokenWin Transformer 模型。

该模型包括局部分支和全局分支，用于捕捉特征。该模型通过引入门残差结构，以增强样本特征的多样性，从而增强了网络捕捉信息的能力。Su 等人[135]使用 MResNet CNN 模块提取深层图像特征，并采用图像金字塔作为输入。该网络中加入了通道注意力机制(Squeeze-and-Excite，SE)和空间注意力机制，增强了局部图像和空间图像的表达。此外，该网络中还引入了生成对抗网络(Generative Adversarial Network，GAN)，通过噪声图像的鉴别器来分离模糊信息，进而识别真实图像和去噪图像。Liu 等人[136]提出了一种高效的双分支可变形变压器(DDT)去噪网络。该网络采用可变形注意力操作以提高关注区域的准确性，并降低了计算复杂度。

1.5 图像复原技术之质量评价指标

评价图像复原质量时，通常采用主观与客观两种评估方法。主观评估依赖观察者的感知来判定图像质量，这种方法直观但因个体差异和环境变化而结果不一致。为克服主观评估的不稳定性，客观评估方法被提出，它通过定量分析来衡量图像质量。在图像处理研究中，常用的客观评估指标包括峰值信噪比(Peak Signal to Noise Ratio，PSNR)和结构相似性指数(Structural SIMilarity，SSIM)。接下来，将详细介绍这两种指标的数学定义及其意义。

PSNR 的数学表达式为

$$\text{PSNR} = 10\log_{10}\left(\frac{255^2}{\text{MSE}}\right)$$

$$\text{MSE} = \frac{\sum_{i=1}^{M}\sum_{j=1}^{N}(x_{\text{ori}}(i,j) - x_{\text{res}}(i,j))^2}{M \times N} \tag{1.2}$$

其中，x_{ori} 被定义为原始图像，x_{res} 被定义为复原后的图像，MSE 被定义为 x_{ori} 与 x_{res} 的均方误差，图像的大小为 $M \times N$。PSNR 以分贝(dB)计算，值越大，表明复原后的图像越接近原始图像。

SSIM 的数学表达式为

$$\text{SSIM} = \frac{\sum_{i=1}^{M}\sum_{j=1}^{N}(x_{\text{ori}}(i,j) \times x_{\text{res}}(i,j))}{\sqrt{\sum_{i=1}^{M}\sum_{j=1}^{N}(x_{\text{ori}}(i,j))^2} \times \sqrt{\sum_{i=1}^{M}\sum_{j=1}^{N}(x_{\text{res}}(i,j))^2}} \tag{1.3}$$

图像相似度越高，SSIM 指数越接近 1，表明复原后的图像与原始图像的相似度越高。本书在评估图像复原技术时，除了应用 PSNR 和 SSIM 这两种客观指标，也考虑了主观评价，以全面评价图像质量。

1.6　本书的主要贡献

为解决图像成像过程中产生的图像低分辨率问题和图像噪声问题，作者沿着正则化模型解决方案到深度学习解决方案这条研究路线展开了大量的研究工作，提出了多种图像复原技术。本书将向读者介绍这些科研工作背后的研究思想、模型及实验分析结果，供当前从事图像复原技术的科研工作者参考和学习。

(1) 在基于稀疏表示理论的单幅图像超分辨率重建技术中，精确的稀疏表示系数是重建图像的关键。目前，稀疏表示模型通过整合局部稀疏性和非局部自相似性来正则化稀疏表示系数，但这些模型往往忽略了系数间的非局部自相似性，限制了其性能。为解决这一问题，本研究提出了一种双稀疏正则化的超分辨率重建方法。该方法首先构建了稀疏表示系数的行非局部自相似性模型，然后设计了基于 l_1-范数的行非局部正则化项，并将其整合到包含局部稀疏性和列非局部自相似性的稀疏表示模型中，最终通过迭代算法求解模型。

(2) 在单幅图像超分辨率重建的稀疏表示模型中，本书引入了行非局部自相似性先验，显著提升了重建效果。但现有模型在处理图像块时忽略了全局相似性，导致相似块被编码为不同的稀疏表示系数，影响模型稳定性。为此，本书提出了一种新的策略，即在模型中加入低秩约束，以捕捉相似图像块的全局相似性，确保它们被编码为一致的稀疏表示系数。本书构建了一个结合低秩约束和非局部自相似性的稀疏表示模型，并采用线性交替方向乘子法进行求解。实验证明，该模型在维持图像块间全局相似性方面表现出色。

(3) 在单幅图像超分辨率重建领域，尽管稀疏表示模型在重建性能和稳定性方面取得了进展，但由于字典学习对图像结构的捕捉能力有限，现有模型在精确重建边缘结构方面仍有不足。针对这一挑战，本书提出了一种新的重建策略。首先，将待重建图像分解为边缘和纹理细节两个组成部分，其中边缘部分包括边缘和平滑元素，而纹理细节部分则涵盖平滑、纹理和细节元素。接着，为精确重建边缘成分图像，本书设计了一种全局梯度惩罚模型，并采用半二次分裂优化策略进行求解，该模型通过限制图像中非零梯度的数量来保护和锐化边缘。对于纹理细节成分图像的重建，本书提出了一种非局部 Laplacian 稀疏编码模型，并采用有效的稀疏解法，以引入有益信息并排除干扰。在独立重建这两部分的图像后，通过叠加得到高分辨率图像。为减少叠加过程中的问题，本书进一步开发了一种全局与局部优化模型，并使用经典的梯度下降法进行求解。这些方法的结合显著提升了图像重建的质量和准确性。

(4) 在图像超分辨率重建领域，传统的非局部自相似性正则化方法受限于固定 l_q-范数约束，难以适应图像内容的多样性。为此，本书提出了一种自适应 l_q-范数约束的广义非局部自相似性正则化模型，以增强模型对不同图像内容的适应性。该模型不仅融合了传统的非局部自相似性先验，还引入了行非局部自相似性先验，能够动态调整 q 值以适应不同的图像特征。此外，考虑到现有研究多集中于 Gaussian 噪声，而对脉冲噪声的关注较少，本书特别探讨了这两种噪声组合对重建方法鲁棒性的影响。得益于自适应 l_q-范数约束的去噪优势，本方法在噪声抑制和高频细节恢复方面表现出色。实验结果表明，本方法在性能上超越了现有对比方法。

(5) 在基于稀疏表示的单幅图像超分辨率重建中，除了探索稀疏表示系数的正则化方案，另一个关键问题是针对字典的研究。目前字典学习方法的一个共同点是，它们的学习过程是隐式的。也就是说，训练集和字典间的关系没有明确建立。将一组相似的图像块重新排列成一个矩阵时，在矩阵的行或列间都存在非局部的自相似性。在行自相似性的启发下，可以通过将训练图像块间的行自相似性先验显式传递到字典学习过程中。本章将提出一种基于行非局部几何字典的稀疏表示模型，然后将此模型应用到单幅图像超分辨率重建中。

(6) 尽管 UNet 在图像去噪方面取得了较好的竞争力，但它仍面临着两个缺点：①在编码器管道中，它采用了一些下采样模块，如池化、卷积和补丁合并，以减小特征图的大小。下采样模块对相邻特征层间的特征转换非常重要。在下采样操作和噪声干扰的情况下，下采样后的特征图包含较少的特征和更多的噪声，这将导致去噪性能的降低。对于图像去噪任务，这些普通的下采样模块在特征转换期间无法去除噪声。本书作者期望下采样模块在执行特征转换过程中也能够起到去除噪声的作用。为此，本章设计了一个特征块合并提炼器，它利用子空间投影从特征空间中学习一组恢复基，并将特征投影到这样的空间中。在执行特征转换过程中，模型不仅能有效地去除噪声，还能保留特征空间的真实信息。②图像去噪任务不仅是去除噪声，还包括重建高频细节。然而，UNet 的普通卷积模块仅关注局部感受野，这表明它无法重建高频细节，如重复细节和复杂纹理。自然图像通常包含丰富的重复细节和复杂纹理。众所周知，非局部机制擅长处理高度重复的细节，而局部机制倾向于处理图像去噪任务中的复杂纹理。从非局部机制的角度出发，模型可以通过在特征块合并提炼器上执行组卷积块模块以达到重建高频细节的目的。为克服上述两个缺点，本书将特征块合并提炼器和组卷积块模块集成到常用的 UNet 模型中，构建了一个基于特征块合并提炼器嵌入 UNet 的图像去噪模型。

1.7 本书的结构组织安排

第 1 章的绪论主要介绍了图像复原技术的研究背景及意义、图像复原技术的数学模型、图像复原技术之图像超分辨率重建的研究现状、图像复原技术之图像去噪的研究现状及图像复原技术之质量评价指标。此外，第 1 章还给出了本书的主要贡献、结构组织安排和本章小结。

第 2 章深入探讨了利用图像先验知识优化单幅图像超分辨率重建中稀疏表示系数的现有研究，并分析了现有模型的局限性及改进策略。本章还阐述了稀疏表示的理论支撑，包括 PCA 字典构建、迭代求解技巧，以及图像的行与列非局部先验。进一步，本章还提出了一种新型双稀疏正则化模型，专门针对图像超分辨率重建问题，并采用标准迭代算法进行求解。最终，通过实验评估了新模型的有效性。

第 3 章详尽阐述了在稀疏表示框架下，通过图像块方法进行单幅图像超分辨率重建的研究进展，并识别了当前基于图像块的稀疏表示模型的缺陷与改进方向。此外，本章讲解了线性交替方向乘子法的基本原理。在解决方案上，提出了融入低秩约束和非局部自相似性特征的稀疏表示模型，用其专门针对图像超分辨率重建任务，并利用线性交替方向乘子法来优化模型。最终，通过实验测试了所提方法的性能表现。

第 4 章深入讨论了在单幅图像超分辨率重建中，利用多种字典的稀疏表示方法的现状，并分析了基于字典学习的稀疏表示模型的局限性与改进策略。本章还涵盖了传统的联合字典训练、高效的稀疏编码技术，以及局部可操作核回归方法。在改进措施上，本章提出了结合全局梯度惩罚和非局部 Laplacian 稀疏编码的重建技术。进一步，本章还设计了全局梯度惩罚模型以重建高分辨率图像的边缘部分，非局部 Laplacian 模型以重建纹理细节部分，并采用全局与局部优化模型提升重建质量。最终，通过实验验证了所提方法的有效性。

第 5 章首先指出了针对图像超分辨率重建所面临的采用固定的 l_q-范数约束的非局部自相似性正则项很难适应图像不同内容的问题。其次，本章提出了基于自适应 l_q-范数约束的广义非局部自相似性正则项的稀疏表示模型去解决这个问题。它有效整合了传统的非局部自相似性先验和行非局部自相似性先验，能自适应地调节不同的 q 值来处理不同的图像内容。最后，由于先前的工作仅考虑了 Gaussian 噪声，很少考虑脉冲噪声，因此本章同时考虑这两类噪声组合情景对提出的重建方法的鲁棒性的影响，并开展实验验证了本书方法的性能。

第 6 章指出在单幅图像超分辨率重建的稀疏表示领域，除了优化稀疏表示系数的正则化，字典的构建同样至关重要。现有学习方法通常隐式地进行，未能明确刻画训练数据与字典的联系。本章提出，利用图像块的非局部自相似性，通过显式融入行自相似性先验，可以改进字典学习。进而，本章将开发一种新型的基于行非局部几何字典的稀疏表示模型，并将其应用于图像超分辨率重建任务。

第 7 章首先指出了 UNet 在图像去噪领域的优异表现，但它同时面临两大挑战：一是其编码器中的下采样环节，如池化和卷积，虽有助于特征图尺寸缩减，却可能在下采样和噪声影响下丢失重要特征，影响去噪效果；二是 UNet 的卷积单元主要捕捉局部信息，难以恢复图像的高频细节。为此，本章提出了一种新型特征块合并提炼器，通过子空间投影技术在下采样过程中同时实现对噪声的抑制和对特征的保持。此外，引入组卷积块模块以强化模型对高频细节的重建能力。最终，将这些创新模块整合进 UNet 架构中，形成了一种新型的图像去噪模型，并通过实验验证了其性能。

1.8 本章小结

本章初探图像复原的技术背景与重要性，接着深入研究图像退化的机理及其数学表述。继而，本章全面审视了图像超分辨率重建和去噪技术的当前进展。最终，本章概述了图像复原效果的评价标准，并概述了本书的核心贡献与内容布局。

第 2 章　正则化稀疏表示的单幅图像超分辨率重建方法

在单幅图像的超分辨率重建中，稀疏表示系数的正则化对于提升图像质量至关重要。精确的系数有助于增强重建效果。为此，研究人员深入探索了图像的内在特性，并将这些先验知识整合到稀疏表示模型中。这些特性包括图像的局部稀疏性、局部自回归性和非局部自相似性。局部稀疏性指的是图像在特定变换域中，只有少数系数具有显著值，大多数系数接近零。这种特性使得图像在变换后的域中易于表示和处理。局部自回归性则描述了图像局部区域内像素值的相关性，即一个像素的值可以通过其邻域像素的线性组合来预测。这种自回归性有助于在图像的局部区域内捕捉和利用空间相关性。非局部自相似性揭示了图像中广泛存在的重复模式，即图像的不同区域可能包含相似的结构。这种特性表明，图像中的信息在空间上是高度冗余的，可以通过参考图像中的其他相似区域来增强局部区域的重建。

众多研究证实，融合图像内在先验知识能够显著增强基于稀疏表示的单幅图像超分辨率重建方法。Yang 等人[50]首次提出了一种利用 l_1-范数约束的局部稀疏先验来优化稀疏表示系数的方法，并通过实验证实了其先验符合拉普拉斯分布。这种方法在抑制振铃效应和增强边缘锐度方面，相比传统插值和退化模型方法，取得了更好的重建效果。Dong 等人[57]进一步在稀疏表示模型中融入了局部自回归性和非局部自相似性先验，提出了一种新的模型来优化稀疏表示系数。与 Yang 等人的方法相比，新模型通过非局部自相似性先验，显著提升了重建图像细节的能力。Lu 等人[60]则设计了一种基于 F-范数约束的非局部自相似性先验模型，用于正则化稀疏表示系数，同时考虑了训练数据与字典间的几何关系。Yang 等人进一步发展了这一思路，提出了一种结合双稀疏先验和非局部自相似性先验的模型，以正则化稀疏表示系数。Dong 等人则从流形学习和稀疏表示的角度出发，开发了一种双稀疏正则化流形学习模型，将局部线性嵌入转化为稀疏表示系数的正则项，并假设这些系数位于一个平滑的流形上。由于图像在采集和处理过程中常受到模糊和噪声的干扰，仅依靠局部稀疏先验

第 2 章 正则化稀疏表示的单幅图像超分辨率重建方法

难以获得精确的稀疏表示系数。为此，Dong 等人提出了一种基于 l_1-范数约束的非局部自相似性先验，以减少稀疏表示系数中的噪声，并验证了其先验的拉普拉斯分布特性。此外，Dong 等人还将图像先验整合到稀疏表示模型的数据似然项中，开发了一种非局部自回归模型稀疏表示方法，以提高采样矩阵和字典矩阵间的独立性。这些方法通过引入和优化图像的局部和非局部先验知识，不仅提高了超分辨率重建的质量，也为图像处理领域提供了新的研究方向和工具。随着技术的不断发展，这些基于稀疏表示的重建方法有望在未来实现更加精确和高效的图像重建。

尽管先前的研究已经通过局部稀疏性、局部自回归性，以及块或列间的非局部自相似性来优化稀疏表示系数，但对系数内部行与行间的相互作用尚未给予足够重视。本研究提出，探索系数间的行关系对于稀疏表示的正则化及提升单幅图像重建效果至关重要。因此，本章创新性地引入了基于行的非局部自相似性先验作为正则化项，整合至稀疏表示模型中，并将其应用于单幅图像的超分辨率重建过程，以期实现更优的重建性能。

2.1 相关工作分析

本节概述了稀疏表示模型的核心理论、PCA 字典的构建方法、图像的行和列先验知识，它们是本章理论创新的基础。

2.1.1 传统稀疏表示模型的理论基础

本章确立了一系列数学符号的标准用法。$x \in \mathbf{R}^N$ 代表一幅图像，$x_i = P_i x$ 表示从 x 中取出第 i 个尺寸为 $\sqrt{n} \times \sqrt{n}$ 的图像块，$P_i \in \mathbf{R}^{n \times N}$ 为从 x 中抽取 x_i 的抽取矩阵。对于 x_i，若存在一个适配的字典 $\Psi \in \mathbf{R}^{n \times m}$，于是 x_i 可以被稀疏分解为 $x_i \approx \Psi s_{x,i}$，其中，$s_{x,i} = \arg\min\limits_{s} \{\|x_i - \Psi s_i\|_2^2 + \lambda \|s_i\|_1\}$。通过逆变换过程，可以复原图像 x。其数学过程被描述为

$$x \approx \left(\sum_{i=1}^{N} P_i^{\mathrm{T}} P_i \right)^{-1} \sum_{i=1}^{N} (P_i^{\mathrm{T}} \Psi s_{x,i}) \tag{2.1}$$

此逆变换过程，即重叠的加权平均方法，主要用于降低噪声影响和减少重建图像的边界缺陷。为便于描述，将串联所有的稀疏表示系数 $s_{x,i}$ 并定义 $s_x = \{s_{x,i}\}$。于是，上述逆变换过程的另一种表达形式为

$$x \approx \Psi \circ s_x = \left(\sum_{i=1}^{N} P_i^T P_i\right)^{-1} \sum_{i=1}^{N} (P_i^T \Psi s_{x,i}) \tag{2.2}$$

在单幅低分辨率图像的情况下，通过以下公式可以获得对应高分辨率图像的稀疏表示系数：

$$s_y = \arg\min_{s}\{\|y - H\Psi \circ s\|_2^2 + \lambda\|s\|_1\} \tag{2.3}$$

其中，矩阵 H 的功能与之前提到的公式(1.1)中的矩阵 A 相似。一旦获得稀疏表示系数 s_y，利用 $\hat{x} = \Psi \circ s_y$ 就能重建出整幅高分辨率图像。

2.1.2 PCA 字典构造

PCA 作为一种在模式识别和信号处理中广泛使用的去相关和降维技术，通过它训练得到的 PCA 字典更加精简，从而减少了重建过程中的计算负担。在本研究中，每个子训练集中的图像块共享相似的几何特征，同时每个子训练集又展现出独特的几何属性。训练过程包括以下步骤：

首先从高分辨率图像训练库提取出 M 个尺寸为 $\sqrt{n} \times \sqrt{n}$ 的图像块 x_i。然后构建集合 $X = [x_1, x_2, \cdots, x_M]$。为训练出 k 个紧凑的子字典 $\{\Psi_k\}$，本节采用 K-means 技术将 X 分成 k 类，即 $\{X_1, X_2, \cdots, X_k\}$，$X_k$ 是一个 $n \times m_k$ 维的矩阵，在这里，m_k 代表 X_k 的样本数目，X_k 的聚类中心标记为 μ_k。

为确保 X_k 通过子字典 Ψ_k 时得到的稀疏表示系数是尽可能低稀疏的，需要对 $(\Psi_k, S_k) = \arg\min_{\Psi_k, S_k}\{\|X_k - \Psi_k S_k\|_F^2 + \lambda\|S_k\|_1\}$ 进行求解。在这里，S_k 是 X_k 在 Ψ_k 下的稀疏表示系数矩阵。

对 X_k，通过采用 PCA 方法来提取主要特征并构建对应的子字典 Ψ_k。令 Ω_k 为协方差矩阵，对 Ω_k 采用 PCA 方法可计算出相应的正交变换矩阵 P_k。令 P_k 为子字典，并令 $Z_k = P_k^T S_k$，于是有 $\|S_k - P_k Z_k\|_F^2 = \|S_k - P_k P_k^T S_k\|_F^2 = 0$。

选择 P_k 中的前 r 个特征向量构建出字典 Ψ_r，$\Psi_r = [p_1, p_2, \cdots, p_r]$。令 $S_r = \Psi_r^T X_k$，鉴于 Ψ_r 中仅包含前 r 个特征向量，于是重建误差 $\|S_k - \Psi_r \Lambda_r\|_F^2$ 将伴随着 r 的减小而变大，并且导致 $\|S_r\|_1$ 变小。定义 r_0 为最优的 r 值，为寻找它，可通过 $r_0 = \arg\min_{r}\{\|X_k - \Psi_r S_r\|_F^2 + \lambda\|S_r\|_1\}$ 求解得到。最后，可训练出每个 X_k 对应的子字典 $\Psi_k = [p_1, p_2, \cdots, p_{r_0}]$。

2.1.3 经典的迭代收敛解法

在 Daubechies 等人[137]给出的数学求解理论下,关于 x 的求解公式为

$$\Phi_{w,p}(x) = \arg\min_{x}\left\{\|y - Hx\|_2^2 + \sum_{\gamma \in \Gamma} w_\gamma \left\|\langle x, \varphi_\gamma \rangle\right\|^p\right\} \tag{2.4}$$

其中,$(\varphi_\gamma)_{\gamma \in \Gamma}$ 是 Hilbert 空间中的一组正交基,$w = (w_\gamma)_{\gamma \in \Gamma}$ 是严格的正的权值序列。通过设置 $H\varphi_\gamma = H_\gamma \varphi_\gamma$,$x_\gamma = \langle x, \varphi_\gamma \rangle$ 和 $y_\gamma = \langle y, \varphi_\gamma \rangle$,于是公式(2.4)重新描述为

$$\Phi_{w,p}(x) = \arg\min_{x}\left\{\sum_{\gamma \in \Gamma}\left[\left|H_\gamma x_\gamma - y_\gamma\right|^2 + w_\gamma |x_\gamma|^p\right]\right\} \tag{2.5}$$

其中,$w = \mu w_0$。

本章仅讨论 $p=1$ 的情况,通过下式就能得到 x 的最优解

$$x^* = \sum_{\gamma \in \Gamma} x_\gamma^* \varphi_\gamma = \sum_{\gamma \in \Gamma} S_\mu(y_\gamma) \varphi_\gamma \tag{2.6}$$

S_μ 是一个非线性阈值函数,其被描述为

$$S_\mu(y_\gamma) = \begin{cases} y_\gamma + \dfrac{\mu}{2}, & y_\gamma \leqslant -\dfrac{\mu}{2} \\ 0, & |y_\gamma| < \dfrac{\mu}{2} \\ y_\gamma - \dfrac{\mu}{2}, & y_\gamma \geqslant \dfrac{\mu}{2} \end{cases} \tag{2.7}$$

2.1.4 图像固有的行和列先验

令 $D_i = D(x_i) = [x_{i1}, \cdots, x_{in}]$ 为非局部自相似性矩阵,其中,x_{in} 为关于图像块 x_i 的通过阈值选择函数 $T(x_i, x_j) \leqslant t$ 获取的第 n 个非局部自相似性块。为探索这些矩阵的特性,从图像库中随机挑选一幅图像,并从中提取两个不同的非局部自相似性矩阵。这两个矩阵的三维曲面图在图 2.1 中展示。在图 2.1(a)中,B、C 表示两个非局部自相似性矩阵,图 2.1(b)和图 2.1(c)分别展示了这两个矩阵的三维视图。从图中可发现图像块之间(或列之间)具有显著的非局部自相似性。此外,矩阵的每一行都呈现出共享常量式的关系,这表明行之间同样具有较高的非局部自相似性。

单幅图像复原技术

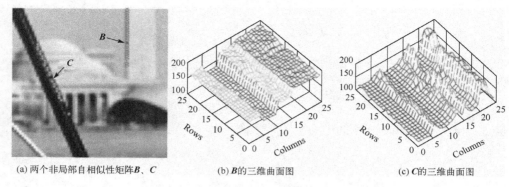

(a) 两个非局部自相似性矩阵 B、C　　(b) B 的三维曲面图　　(c) C 的三维曲面图

图 2.1　任意两个非局部自相似性矩阵的三维曲面图

首先给出矩阵 D_i 的列非局部自相似性：对每个图像块 x_i，都能通过线性加权与它相似的若干图像块近似表示。数学上表示为 $x_i \approx \sum_{j=1}^{n} w_{ij} x_j = D_i w_i$。其中，$w_i = [w_{i1}, \cdots, w_{ii}, \cdots, w_{in}]$ 为权值。于是，矩阵 D_i 的列非局部自相似性先验被描述为

$$D_i = D_i W_i^c \tag{2.8}$$

其中，W_i^c 定义为列权值矩阵，第 ii 个权值被定义为 w_{ii}。

然后给出矩阵 D_i 的行非局部自相似性：对矩阵 D_i 的中间行，都能通过线性加权矩阵 D_i 中的所有行来近似表示。通过定义 R_i 为抽取矩阵 D_i 的中心行的操作符，矩阵 D_i 的行非局部自相似性先验定义为

$$(R_i D_i)^T = D_i^T w^r \tag{2.9}$$

其中，w^r 为行权值向量，其第 i 个权值定义为 w_i^r。

在文献[57]中，仅针对中心行构建了非局部自相似性先验，而实际上，这种先验对于矩阵中的其他行同样适用。这是因为在非局部自相似性矩阵中，每一行的数据都展现出相似性，呈现出近乎共享常量式的关系，使得任意一行都能够通过矩阵中的其他行进行有效的加权近似。基于此，矩阵 D_i 的行非局部自相似性先验可以被定义为通过矩阵中所有行的加权平均来近似任意一行的机制。它的具体数学描述为

$$(D_i)^T = D_i^T W^r \tag{2.10}$$

其中，W^r 为行权值矩阵，其第 ii 个权值定义为 w_{ii}^r。

2.2 双稀疏正则化稀疏表示模型

2.2.1 联合列与行先验的稀疏表示模型

在图像采集过程中，由于模糊和噪声的干扰，捕捉到的图像往往是低分辨率的，这导致通过公式(2.3)计算解出的系数 s_y 与真实的系数 s_x 存在显著偏差，于是，仅依赖局部稀疏先验 $\text{prior}(s)=\|s\|_1$ 无法有效重建图像。近年来的研究揭示了图像块在图像中的高度冗余性和自相似性，即图像块的结构在图像中会反复出现。基于这一现象，非局部自相似性先验被提出并应用于图像重建。核心思想是，任何一个图像块都可以通过与其相似的多个图像块的加权平均来近似表示。在数学上，这种先验可以通过以下正则项来定义：

$$\text{prior}(s) = \|s - \beta\|_p \tag{2.11}$$

其中，$\beta = \sum_{c=1}^{C} w_c s_c$，$C$ 定义为与系数 s 相似的系数集合的数目。近年来，学术界开发了众多利用非局部自相似性原理的稀疏表示模型。在这些研究中，NCSR 模型作为一个突出的实例，其数学表达如下：

$$s_y = \arg\min_s \left\{ \|y - H\Psi \circ s\|_2^2 + \lambda \sum_i \|s_i\|_1 + \gamma \sum_i \|s_i - \beta_i\|_p \right\} \tag{2.12}$$

其中，$\beta_i = \sum_{c=1}^{C} w_{i,c} s_c$，$\lambda$ 和 γ 定义为平衡各项之间关系的正则化参数。

尽管公式(2.12)通过图像块间的非局部自相似性来优化稀疏表示系数的正则化，但它主要聚焦于系数间的相似性，而未充分考虑系数内部各元素间的相互关系。本章提出，深入探究系数内部的数据关联对于进一步规范稀疏表示系数至关重要，这将进一步提升单幅图像基于稀疏表示的重建效果。因此，本章对公式(2.12)进行了重新定义，以引入系数内部数据间的关系。

$$s_y = \arg\min_s \left\{ \|y - H\Psi \circ s\|_2^2 + \lambda \sum_i \|s_i\|_1 + \gamma \sum_i \|S_i - S_i W_i\|_p \right\} \tag{2.13}$$

其中,列非局部自相似性矩阵 S_i 是由 C 个与系数 s_i 相似的系数组成(包含 s_i)。W_i 为权值矩阵,其第 (k, l) 个值描述为 $w_{k,l}$。利用第 k 列和第 l 列,能求出权值 $w_{k,l}$。

令 $S_{\text{diff}} = S_i - S_{\text{true}}$,其中,$S_i$ 是重建的列非局部自相似性矩阵,S_{true} 是真实的系数矩阵。以"Butterfly"图像为例来剖析矩阵 S_{diff} 的随机特性。第一步,高分辨率"Butterfly"图像被大小为 7×7 的模糊核及标准差为 1.6 的 Gaussian 模糊,然后通过 3 倍的下采样及标准差为 6 的加性 Gaussian 噪声,得出低分辨率图像。第二步,利用训练出的 PCA 字典及公式(2.12)来重建出系数 s_y,并利用公式 $s_i = \arg\min_s \{\|x_i - \Psi s_i\|_2^2 + \lambda \|s_i\|_1\}$ 计算出真实系数。第三步,构建矩阵对 $\{S_i, S_{\text{true}}\}$。第四步,计算 $S_{\text{diff}} = S_i - S_{\text{true}}$ 来获得矩阵 S_{diff}。图 2.2 展示了矩阵 S_{diff} 中的第 5 行和第 10 行的随机分布情况,其中,Empirical distribution 代表经验分布。这两行分别代表了字典中的第 5 个原子和第 10 个原子。从图 2.2 中可得出分布的最高峰值位于零点。与高斯分布相比,拉普拉斯分布能更精确地拟合这一分布。因此,可以推断出矩阵 S_{diff} 的 Laplacian 先验为 $\|S_{\text{diff}}\|_{p=1}$。

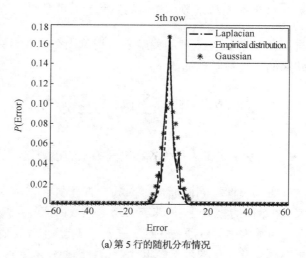

(a) 第 5 行的随机分布情况

图 2.2 矩阵 S_{diff} 中的第 5 行和第 10 行的随机分布情况

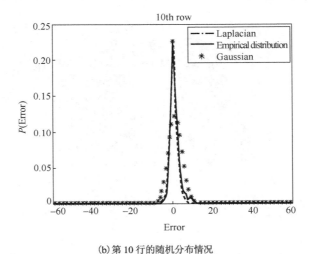

(b) 第 10 行的随机分布情况

图 2.2　矩阵 S_diff 中的第 5 行和第 10 行的随机分布情况(续)

通过控制矩阵 S_diff，能够促使重建的稀疏表示系数更接近其真实值，从而增强模型的重建效果。但由于真实值未知，矩阵 S_diff 不能直接获得。因此，需要找到一个有效的估计方法。在构建非局部自相似性矩阵时，相似图像块不仅在行间表现出自相似性，列间也存在这种特性。同理，在稀疏表示系数空间中，相似图像块对应的系数也应具有相似性。基于此，相似图像块构成的非局部自相似性矩阵的稀疏表示系数矩阵也应体现出自相似性。为获得一个准确的估计值，以"Butterfly"图像为例，探究真实非局部自相似性系数矩阵的特性。图 2.3 展示了随机选取的真实非局部自相似性系数矩阵的三维曲面图，这些图揭示了矩阵的分布特征。

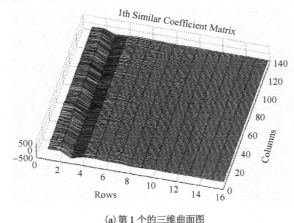

(a) 第 1 个的三维曲面图

图 2.3　随机选取的真实非局部自相似性系数矩阵的三维曲面图

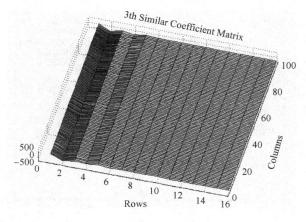

(b) 第 3 个的三维曲面图

图 2.3　随机选取的真实非局部自相似性系数矩阵的三维曲面图(续)

图 2.3 的分析结果揭示了图像块之间(或列之间)的显著列非局部自相似性，同时指出各行之间因共享固定模式而展现出的行非局部自相似性。据此，可以推断稀疏表示系数矩阵的行非局部自相似性先验，即矩阵中任意一行可以通过其他行的加权平均来近似表示，表达式为 $S_i \approx W_i^r S_i$，这个加权平均值可以作为一个估计值。在实际应用中，这个估计值被用作先前重建的非局部自相似性稀疏表示系数矩阵中所有行的权重。在数学上，基于这种行先验的稀疏表示系数矩阵的非局部自相似性正则项可以定义为

$$\mathrm{prior}(S_i) = \left\| S_i - W_i^r S_i \right\|_p \tag{2.14}$$

其中，W_i^r 是行非局部自相似性权值矩阵，其第 (k,l) 个值定义为 $w_{k,l}^r$。

将公式(2.14)代入公式(2.13)，联合列与行先验的稀疏表示模型定义为

$$s_y = \arg\min_s \left\{ \left\| y - H\Psi \circ s \right\|_2^2 + \lambda \sum_i \left\| s_i \right\|_1 + \sum_i \left\{ \gamma \left\| S_i - S_i W_i \right\|_p + \mu \left\| S_i - W_i^r S_i \right\|_p \right\} \right\} \tag{2.15}$$

在该模型中，符号 λ、γ 和 μ 分别代表局部稀疏性、列非局部自相似性和行非局部自相似性的正则化参数。该模型具备两个显著特性：一方面，针对列非局部自相似性，模型采用先前重建的稀疏表示系数矩阵中的列权值作为对应真实列非局部自相似性矩阵的近似估计；另一方面，对于行非局部自相似性，模型同样利用先前重建的稀疏表示系数矩阵中的行权值来近似真实行非局部自相似性矩阵。这种策略使得模型能够综合利用局部和非局部的自相似性信息，以优化稀疏表示系数的重建过程。

在对经典的列非局部自相似性稀疏表示模型的改进中，此处对公式(2.15)进行了扩展研究，考虑了稀疏表示系数矩阵中行间的非局部自相似性先验，并用其来正则化系数。因此，该模型亦可被定义为双向非局部自相似性稀疏表示模型。在特定参数条件下，即当 $\mu=0$ 和 $p=1$ 时，此模型即转化为 NCSR 模型。

2.2.2 字典选择

在稀疏表示框架中，构建字典是核心环节。众多研究者为此提出了多种算法。Yan 等人[50]提出了一种用于图像结构分析的单一、过完备字典构建方法。尽管如此，该方法在图像重建时存在不稳定性，易产生问题。为提升字典对图像局部特征的描述能力，Dong 等人[57]采用了 ASDS 方法。该策略通过收集图像块并利用 PCA 学习一组紧凑的字典。对于待重建的图像块，通过计算其与各图像块集合的欧氏距离来挑选合适的 PCA 子字典。由于其在捕捉图像块局部特征方面的优越性，本研究继续采用 ASDS 方法构建紧凑的 PCA 字典。在训练阶段，直接使用图像自身的块作为样本。具体流程如下：首先，对图像进行多尺度缩放并提取块，然后通过 K-means 算法对这些块进行聚类(聚类数为 K)。针对每个聚类得到的集合，构建一个 PCA 字典，并利用由这些字典集合形成的一个大型字典尽可能全面地覆盖图像中的各种结构。对于待重建的图像块，通过计算其与样本集合的欧氏距离来选取合适的 PCA 子字典。实际上，这种方法确保了重建图像块的稀疏表示在其他字典中的系数为零，使得表示系数极为稀疏。换句话说，公式(2.15)将自动确保稀疏表示系数的稀疏性。因此，这种局部稀疏性先验 $\|s_i\|_1$ 可以被消除。基于这些分析，对公式(2.15)进行了重新定义。

$$s_y = \arg\min_{s}\left\{\|y - H\Psi \circ s\|_2^2 + \sum_i\left\{\gamma\|S_i - S_iW_i\|_p + \mu\|S_i - W_i^{\mathrm{r}}S_i\|_p\right\}\right\} \quad (2.16)$$

通过将公式(2.16)中的 p 设置为 1，从而构建出本章所提出的双稀疏正则化稀疏表示模型，即 DSRSR 模型。

2.3 模型的优化求解

本章利用迭代收敛解法求解 DSRSR 模型这一双 l_1-范数问题。首先对一个给定的图像块 y_i，当固定字典 Ψ 时，公式(2.16)可描述为关于系数 s_i 的函数，即

$$f(s_i) = \|y_i - As_i\|_2^2 + \gamma\left\|s_i - \sum_{c=1}^{C} w_{i,c}s_c\right\|_1 + \mu\|s_i - W_i^{\mathrm{r}}s_i\|_1 \quad (2.17)$$

其中，令 $A=H\Psi$。在第 n 次迭代中，能获得 s_i^n 为

$$f(s_i^n) = \left\| y_i - As_i^n \right\|_2^2 + \gamma \left\| s_i^n - \sum_{c=1}^{C} w_{i,c} s_c^{n-1} \right\|_1 + \mu \left\| s_i^n - W_i^{\mathrm{r}} s_i^{n-1} \right\|_1 \qquad (2.18)$$

其中，当进行第 $n-1$ 次迭代时，可以求出 $w_{i,c}$，s_c^{n-1}，W_i^{r} 和 s_i^{n-1}。

为方便，设置

$$\beta_1^{n-1} = \sum_{c=1}^{C} w_{i,c} s_c^{n-1} \qquad (2.19)$$

和

$$\beta_2^{n-1} = W_i^{\mathrm{r}} s_i^{n-1} \qquad (2.20)$$

公式(2.18)变换为

$$f(s_i^n) = \left\| y_i - As_i^n \right\|_2^2 + \gamma \left\| s_i^n - \beta_1^{n-1} \right\|_1 + \mu \left\| s_i^n - \beta_2^{n-1} \right\|_1 \qquad (2.21)$$

利用 Daubechies 等人提出的辅助函数方法，定义一个辅助函数为

$$\phi(s_i, a) = L \left\| s_i - a \right\|_2^2 - \left\| As_i - Aa \right\|_2^2 \qquad (2.22)$$

其中，L 是一个常量，a 是一个辅助向量。为使辅助函数 $\phi(s_i, a)$ 是凸的，常量 L 通常设置成 $\left\| A^{\mathrm{T}} A \right\|_2^2 < L$。

在第 n 次迭代中，添加公式(2.22)到 $f(s_i^n)$，得到

$$\begin{aligned} f(s_i^n, a) &= \left\| y_i - As_i^n \right\|_2^2 + \gamma \left\| s_i^n - \beta_1^{n-1} \right\|_1 + \mu \left\| s_i^n - \beta_2^{n-1} \right\|_1 + L \left\| s_i^n - a \right\|_2^2 - \left\| As_i^n - Aa \right\|_2^2 \\ &= \left\| y_i \right\|_2^2 - 2 \langle y_i, As_i^n \rangle + \left\| As_i^n \right\|_2^2 + \gamma \left\| s_i^n - \beta_1^{n-1} \right\|_1 + \mu \left\| s_i^n - \beta_2^{n-1} \right\|_1 + L \left\| s_i^n \right\|_2^2 - \\ &\quad 2L \langle s_i^n, a \rangle + L \left\| a \right\|_2^2 - \left\| As_i^n \right\|_2^2 + 2 \langle As_i^n, Aa \rangle - \left\| Aa \right\|_2^2 \\ &= -2 \langle s_i^n, A^{\mathrm{T}} y_i + La - A^{\mathrm{T}} Aa \rangle + L \left\| s_i^n \right\|_2^2 + \gamma \left\| s_i^n - \beta_1^{n-1} \right\|_1 + \mu \left\| s_i^n - \beta_2^{n-1} \right\|_1 + \\ &\quad \left\| y_i \right\|_2^2 + L \left\| a \right\|_2^2 - \left\| Aa \right\|_2^2 \\ &= L \left\| s_i^n - v_i^n \right\|_2^2 + \gamma \left\| s_i^n - \beta_1^{n-1} \right\|_1 + \mu \left\| s_i^n - \beta_2^{n-1} \right\|_1 + \mathrm{const} \end{aligned} \qquad (2.23)$$

其中，$v_i^n = (A^{\mathrm{T}} y_i - A^{\mathrm{T}} Aa)/L + a$，$\mathrm{const} = \left\| y_i \right\|_2^2 + L \left\| a \right\|_2^2 - \left\| Aa \right\|_2^2 - L \left\| v_i^n \right\|_2^2$。

通过去除 const 项，公式(2.23)能简化为

$$f(s_i^n, a) \approx \left\| s_i^n - v_i^n \right\|_2^2 + \frac{\gamma}{L} \left\| s_i^n - \beta_1^{n-1} \right\|_1 + \frac{\mu}{L} \left\| s_i^n - \beta_2^{n-1} \right\|_1 \qquad (2.24)$$

在第 n 次迭代中，公式(2.24)的解能给出以下两种情况。

当 $\beta_1^{n-1} \leqslant \beta_2^{n-1}$ 时：

$$s_i^{n+1} = S_{\gamma_1,\gamma_2,\beta_1^{n-1},\beta_2^{n-1}}(v_i^n) = \begin{cases} v_i^n + \gamma_1 + \gamma_2, & v_i^n < -\gamma_1 - \gamma_2 + \beta_1^{n-1} \\ \beta_1^{n-1}, & -\gamma_1 - \gamma_2 + \beta_1^{n-1} \leqslant v_i^n \leqslant \gamma_1 - \gamma_2 + \beta_1^{n-1} \\ v_i^n - \gamma_1 + \gamma_2, & \gamma_1 - \gamma_2 + \beta_1^{n-1} < v_i^n < \gamma_1 - \gamma_2 + \beta_2^{n-1} \\ \beta_2^{n-1}, & \gamma_1 - \gamma_2 + \beta_2^{n-1} \leqslant v_i^n \leqslant \gamma_1 + \gamma_2 + \beta_2^{n-1} \\ v_i^n - \gamma_1 - \gamma_2 & v_i^n > \gamma_1 + \gamma_2 + \beta_2^{n-1} \end{cases} \quad (2.25)$$

当 $\beta_1^{n-1} > \beta_2^{n-1}$ 时：

$$s_i^{n+1} = S_{\gamma_1,\gamma_2,\beta_1^{n-1},\beta_2^{n-1}}(v_i^n) = \begin{cases} v_i^n + \gamma_1 + \gamma_2, & v_i^n < -\gamma_1 - \gamma_2 + \beta_2^{n-1} \\ \beta_2^{n-1}, & -\gamma_1 - \gamma_2 + \beta_2^{n-1} \leqslant v_i^n \leqslant -\gamma_1 + \gamma_2 + \beta_2^{n-1} \\ v_i^n + \gamma_1 - \gamma_2, & -\gamma_1 + \gamma_2 + \beta_2^{n-1} < v_i^n < -\gamma_1 + \gamma_2 + \beta_1^{n-1} \\ \beta_1^{n-1}, & -\gamma_1 + \gamma_2 + \beta_1^{n-1} \leqslant v_i^n \leqslant \gamma_1 + \gamma_2 + \beta_1^{n-1} \\ v_i^n - \gamma_1 - \gamma_2, & v_i^n > \gamma_1 + \gamma_2 + \beta_1^{n-1} \end{cases} \quad (2.26)$$

其中，$\gamma_1 = \gamma/2L$，$\gamma_2 = \mu/2L$。$S_{\gamma_1,\gamma_2,\beta_1^{n-1},\beta_2^{n-1}}(v_i^n)$ 是双变量收敛符号。

2.4 基于双稀疏正则化稀疏表示模型的重建方法

在算法 1 中详细阐述了利用双稀疏正则化稀疏表示模型进行单幅图像超分辨率重建的流程。该算法中，参数 I 和 J 定义了迭代的最大次数。为提高计算效率，算法在每次迭代中对每个 $\mathrm{mod}(j, J_0) = 0$ 时进行参数 β_1^{n-1} 和 β_2^{n-1} 的更新。实验设置中，为均衡地探索图像的列和行方向上的非局部自相似特性，通常设置参数 $\gamma = \mu$。

算法 1：基于双稀疏正则化稀疏表示模型的单幅图像超分辨率重建流程

输入：低分辨率图像 y。

输出：高分辨率图像 x。

步骤 1：（a）用双立方插值（Bicubic Interpolation，BI）重建方法初始化估计图像 $\hat{x}$；

（b）初始化参数 γ，μ 和 δ。

步骤 2：外部循环迭代 $i=1,\cdots,I$

（a）用 K-means 方法和 PCA 方法更新子字典 $\{\Psi_k\}$；

（b）内部循环迭代 $j=1,\cdots,J$

(I) $\hat{x}^{(j+1/2)} = \hat{x}^{(j)} + \delta A^{\mathrm{T}}(y - A\hat{x}^{(j)})$；

(II) 计算 $v^{(j)} = \left[\Psi_{k,l}^{\mathrm{T}} P_l \hat{x}^{(j+1/2)}, \cdots, \Psi_{k,N}^{\mathrm{T}} P_N \hat{x}^{(j+1/2)}\right]$，其中 $\Psi_{k,l}$ 是关于图像块 $\hat{x}_i = P_i \hat{x}^{(j+1/2)}$ 的子字典；

(III) 利用公式(2.25)和公式(2.26)计算 $\hat{s}_i^{(j+1)}$；

(IV) 如果 $\mathrm{mod}(j, J_0) = 0$，利用公式(2.19)和公式(2.20)更新 β_1^j 和 β_2^j，其中，J_0 是预定的整数；

(V) 图像的更新：$\hat{x}^{(j+1)} = \Psi \circ s_y^{(j+1)}$。

2.5 实验结果与分析

为评估本章提出的算法的性能，选取了 10 幅测试图像进行实验，这些图像在图 2.4 中按从左至右、从上至下的顺序排列，依次为"Butterfly""Bikes""Boats""Flowers""Hat""Leaves""Parrot""Parthenon""Peppers""Plants"。

此外，本章还选取了六种具有代表性的单幅图像超分辨率方法来开展对比实验。这些技术包括 BI 方法、邻域嵌入(NE)[54]方法、稀疏编码(SC)[50]方法、自适应稀疏域选择(ASDS)[57]方法、非局部均值和导向核回归(NLM_SKR)[42]方法及非局部集中稀疏表示(NCSR)[63]方法。评估重建效果时，本章采用了两个客观评价指标：PSNR 和 SSIM。考虑到人眼对彩色图像的亮度通道特别敏感，实验中将彩色图像从 RGB 色彩空间转换到 YCbCr 色彩空间。本章的方法专注于对亮度通道 Y 进行重建，而对于色度通道 Cb 和 Cr，则采用 BI 方法进行处理。

图 2.4 用于实验的 10 幅测试图像

2.5.1 实验环境及参数的设置

在实验环节，为模拟图像退化的实际情况，对所有高分辨率测试图像实施了模糊核大小为 7×7、标准差为 1.6 的 Gaussian 模糊处理。接着，对这些模糊处理后的图像执行 3 倍的下采样，以生成用于测试的无噪声低分辨率图像。此外，为更全面地模拟实际情况，实验还考虑了噪声的干扰。为此，在先前生成的无噪声低分辨率图像中直接加入了标准差为 6 的加性 Gaussian 噪声，从而生成了含噪声的低分辨率图像。

在本章提出的算法中，参数的设定经验值如下：在所有实验中，构建 PCA 字典时聚类的数量被设定为 $K=70$，非局部数据搜索的数量被设定为 $C=12$，外循环的最大迭代次数为 $I=4$，内循环的最大迭代次数为 $J=160$，预设的常数为 $\delta=3.5$。实验结果显示，该方法在合理的参数调整范围内对这些设定值不敏感。然而，图像块的尺寸和正则化参数（γ 和 μ）的选择对算法的性能有显著影响。在无噪声的实验设置中，图像块的尺寸被设定为 5×5，正则化参数 $\gamma=\mu=0.35$。在含有噪声的实验中，图像块的尺寸调整为 6×6，正则化参数 $\gamma=\mu=0.65$。关于如何选择这些参数以适应不同的实验条件，将在 2.5.4 节中进一步讨论。

本章的所有实验均在一台配备了双核 2.20GHz CPU 和 2.0GB 内存的个人计算机上执行，使用的软件环境为 MATLAB 2010a。

2.5.2 无噪声实验

此处旨在评估本章所提出的方法在模糊、下采样和无噪声条件下的性能，并将其与其他六种典型方法进行对比。不同方法重建测试图像得到的 PSNR(dB) 值和 SSIM 值（在噪声水平 $\sigma=0$ 下）展示在表 2.1 中。表中每幅测试图像对应两行数据，第一行为 PSNR 值，第二行为 SSIM 值。分析表 2.1 的数据可以发现，NE 方法在数值上通常表现最弱。而 BI 和 SC 方法则显示出较好的性能。在剩余的三种方法（ASDS、NLM_SKR 和 NCSR 方法）中，NCSR 方法取得了最佳成绩。在 PSNR 和 SSIM 两个客观评价指标上，本章所提出的方法均优于其他方法。以"Butterfly"图像为例，根据表 2.1，本章所提出的方法在 PSNR 和 SSIM 上分别比排名第二的 NCSR 方法高出 0.92dB 和 0.0139。在整体平均值方面，本章所提出的方法在 PSNR 和 SSIM 上分别比排名第二的 NCSR 方法高出 0.39dB 和 0.0072。

表2.1 利用不同的方法重建不同的测试图像所得出的 PSNR(dB) 值和 SSIM 值(噪声水平 $\sigma=0$)

测试图像	BI	NE	SC	ASDS	NLM_SKR	NCSR	本章所提出的方法
Butterfly	24.06	22.59	26.31	27.35	27.15	28.09	**29.01**
	0.7946	0.7360	0.8618	0.9057	0.8978	0.9160	**0.9299**
Bikes	22.84	21.82	24.03	24.61	24.24	24.73	**24.98**
	0.6813	0.6013	0.7536	0.7962	0.7768	0.8027	**0.8105**
Boats	24.24	23.17	25.23	25.59	25.17	25.90	**26.08**
	0.7138	0.6438	0.7686	0.8105	0.7963	0.8233	**0.8295**
Flowers	27.49	26.22	28.72	29.18	28.73	29.49	**29.67**
	0.7724	0.6929	0.8196	0.8466	0.8340	0.8561	**0.8605**
Hat	29.14	28.03	30.41	31.01	30.75	31.28	**31.77**
	0.8052	0.7614	0.8322	0.8716	0.8676	0.8704	**0.8779**
Leaves	23.43	21.85	25.34	26.94	26.62	27.47	**28.12**
	0.7931	0.7237	0.8640	0.9096	0.9006	0.9218	**0.9338**
Parrot	28.15	26.80	29.74	30.10	29.74	30.49	**30.69**
	0.8652	0.8214	0.8885	0.9099	0.9041	0.9147	**0.9189**
Parthenon	24.93	24.05	25.65	25.89	25.66	26.11	**26.25**
	0.6164	0.5536	0.6580	0.6876	0.6740	0.7016	**0.7045**
Peppers	27.57	25.87	28.97	29.76	29.27	29.63	**30.05**
	0.7989	0.7325	0.8122	0.8801	0.8701	0.8832	**0.8912**
Plants	31.08	29.78	32.62	33.42	32.96	34.04	**34.52**
	0.8475	0.7911	0.8511	0.9074	0.9032	0.9188	**0.9232**
平均值	26.29	25.01	27.70	28.38	28.02	28.72	**29.11**
	0.7688	0.7058	0.8109	0.8525	0.8424	0.8608	**0.8680**

为更直观地评估本章所提出的方法的有效性，图 2.5 至图 2.7 展示了三种测试图像（"Butterfly" "Leaves" "Peppers"）在不同方法处理下的性能对比结果（下采样大小为 3，噪声水平 $\sigma = 0$）。观察这些图像可以发现，相较于 BI 方法，基于样例学习的方法（SC、ASDS、NLM_SKR 和 NCSR 方法）能够重建出更清晰的图像结构。在这些基于样例学习的方法中，NE 方法在处理强边缘时常常产生模糊，这是因为它在选择最相似的图像块时可能会引入不恰当的块。SC 方法通过引入图像局部稀疏先验来改善模糊问题，但这种方法在边缘处容易产生锯齿状的伪影，这是由于它仅学习了一个单一的过完备字典，而该字典无法覆盖所有图像结构的多样性。ASDS 和 NLM_SKR 方法通过结合非局部和局部先验来有效去除噪声，但它们往往会使图像的高频细节变得平滑，边缘也不够锐利。NCSR 方法通过利用列非局部自相似性先验来减少噪声，从而改善了图像的视觉质量。相比之下，本章所提出的方法能够生成最接近原始图像的视觉效果。例如，在图 2.5（g）中，对于"Butterfly"测试图像，黑色边缘和白色包围区域的处理更接近图 2.5（h）

的原始图像。而其他方法重建的相同区域则出现了边缘模糊和白色区域中心被黑色污染的问题。在图 2.6 和图 2.7 中,这种对比结果依然明显。这表明本章所提出的方法不仅考虑了相似稀疏表示系数间的关系,还考虑了稀疏表示系数内部每个元素的相互影响,这增强了方法在估计稀疏表示系数时的准确性,从而能够重建出更优质的图像结构。

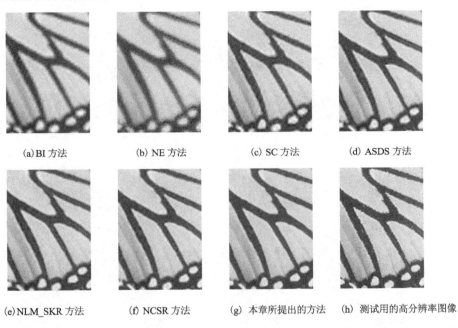

图 2.5 不同方法在"Butterfly"测试图像上的性能比较结果(下采样大小为 3,噪声水平 $\sigma = 0$)

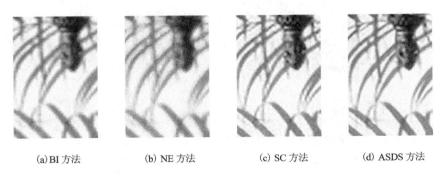

图 2.6 不同方法在"Leaves"测试图像上的性能比较结果(下采样大小为 3,噪声水平 $\sigma = 0$)

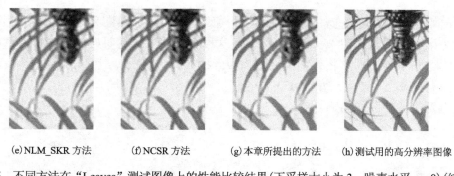

(e) NLM_SKR 方法　　(f) NCSR 方法　　(g) 本章所提出的方法　　(h) 测试用的高分辨率图像

图 2.6　不同方法在"Leaves"测试图像上的性能比较结果（下采样大小为 3，噪声水平 $\sigma=0$）（续）

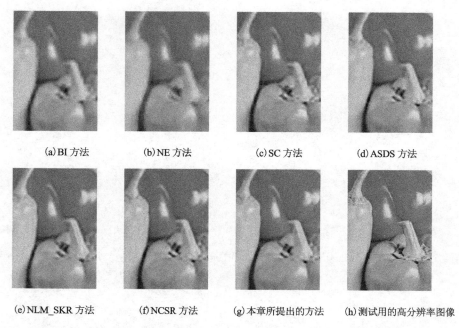

(a) BI 方法　　(b) NE 方法　　(c) SC 方法　　(d) ASDS 方法

(e) NLM_SKR 方法　　(f) NCSR 方法　　(g) 本章所提出的方法　　(h) 测试用的高分辨率图像

图 2.7　不同方法在"Peppers"测试图像上的性能比较结果（下采样大小为 3，噪声水平 $\sigma=0$）

2.5.3　噪声实验

在实际应用中，获取的低分辨率图像常受到噪声的干扰，这增加了图像超分辨率重建的挑战性，因此，本章所提出的方法需要具备强大的抗噪声能力。为测试本章所提出的方法对噪声的鲁棒性的影响，实验在无噪声、模糊、下采样后的低分辨率图像上加入了标准差为 6 的 Gaussian 噪声。图 2.8 至图 2.10 展示了在三种测试图像（"Butterfly""Leaves""Peppers"）上，不同方法在下采样大小为 3、噪声水平 $\sigma=6$

第 2 章　正则化稀疏表示的单幅图像超分辨率重建方法

的性能对比。观察结果表明，BI 和 NE 方法对噪声极为敏感，尤其在图像边缘，噪声瑕疵尤为明显。SC 和 NLM_SKR 方法倾向于平滑细节，这是为去除噪声而降低细节清晰度。相较之下，ASDS 方法通过结合局部自回归先验和非局部自相似性先验，在重建高频信息方面表现出较强的能力，并在去除噪声方面也表现良好，但同样存在平滑细节的问题。NCSR 方法通过利用非局部自相似性先验来减少噪声的影响，尽管在处理噪声瑕疵方面有效，但在重建锐化边缘方面仍有不足。例如，在图 2.8(f) 中，可以观察到白色区域中心被黑色污染的现象。与此相比，本章所提出的方法在去除噪声的同时，能够有效处理这些瑕疵，并产生清晰的边缘。因此，本章所提出的方法能够生成更接近原始图像的视觉效果。

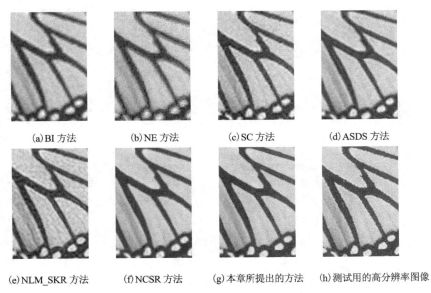

图 2.8　不同方法在"Butterfly"测试图像上的性能比较结果(下采样大小为 3，噪声水平 $\sigma = 6$)

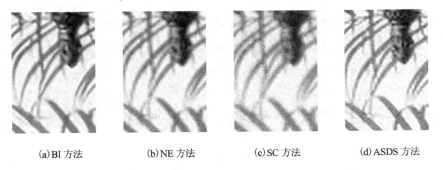

图 2.9　不同方法在"Leaves"测试图像上的性能比较结果(下采样大小为 3，噪声水平 $\sigma = 6$)

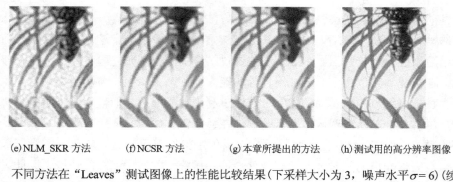

(e) NLM_SKR 方法　　(f) NCSR 方法　　(g) 本章所提出的方法　　(h) 测试用的高分辨率图像

图 2.9　不同方法在 "Leaves" 测试图像上的性能比较结果（下采样大小为 3，噪声水平 $\sigma = 6$）（续）

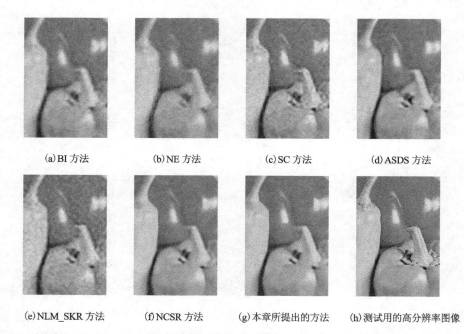

(a) BI 方法　　(b) NE 方法　　(c) SC 方法　　(d) ASDS 方法

(e) NLM_SKR 方法　　(f) NCSR 方法　　(g) 本章所提出的方法　　(h) 测试用的高分辨率图像

图 2.10　不同方法在 "Peppers" 测试图像上的性能比较结果（下采样大小为 3，噪声水平 $\sigma = 6$）

表 2.2 展示了采用多种方法重建不同的测试图像后，得到的峰值信噪比（PSNR，单位为 dB）和结构相似性指数（SSIM）在噪声水平 $\sigma = 6$ 时的比较结果。表中每幅测试图像对应两行数据，第一行展示 PSNR 值，第二行展示 SSIM 值。通过分析表 2.2 中的数据，可以发现在噪声处理方面，本章所提出的方法表现得最为出色，显示出该方法在噪声环境下具有较高的鲁棒性。

表 2.2　利用不同的方法重建不同的测试图像所得出的 PSNR(dB) 值和 SSIM 值（噪声水平 $\sigma = 6$）

测试图像	BI	NE	SC	ASDS	NLM_SKR	NCSR	本章所提出的方法
Butterfly	23.92	21.95	25.73	25.84	25.21	26.65	**27.39**
	0.7425	0.6557	0.7776	0.8459	0.7446	0.8824	**0.8936**
Bikes	22.73	21.51	23.68	23.43	23.17	23.63	**23.87**
	0.6466	0.5476	0.6970	0.7124	0.6671	0.7259	**0.7339**
Boats	24.10	22.85	24.77	24.75	24.05	24.96	**25.11**
	0.6540	0.5619	0.6718	0.7353	0.6372	0.7620	**0.7656**
Flowers	27.19	25.81	27.75	27.47	26.70	27.82	**27.93**
	0.7079	0.6229	0.7177	0.7610	0.6898	0.7816	**0.7859**
Hat	28.71	27.68	29.10	29.35	27.91	29.72	**30.06**
	0.6937	0.6347	0.6651	0.7951	0.6541	0.8147	**0.8207**
Leaves	23.31	21.22	24.90	25.29	24.96	26.07	**26.59**
	0.7618	0.6581	0.8112	0.8522	0.7920	0.8893	**0.8995**
Parrot	27.80	26.31	28.58	28.58	27.19	29.22	**29.38**
	0.7670	0.7084	0.7375	0.8527	0.7083	0.8678	**0.8699**
Parthenon	24.75	23.64	25.14	25.09	24.53	25.33	**25.50**
	0.5815	0.5039	0.6024	0.6282	0.5882	0.6455	**0.6508**
Peppers	27.26	25.56	27.96	28.23	27.06	28.17	**28.55**
	0.7252	0.6516	0.7013	0.8145	0.7200	0.8332	**0.8382**
Plants	30.43	29.05	30.58	30.79	29.11	31.47	**31.76**
	0.7219	0.6565	0.6832	0.8207	0.7122	0.8497	**0.8532**
平均值	26.02	25.56	26.82	26.88	25.99	27.30	**27.61**
	0.7002	0.6201	0.7065	0.7818	0.6913	0.8052	**0.8111**

2.5.4　算法参数的研究

在本节的研究中，将分析图像块大小及正则化参数 γ 和 μ 对本章所提出的方法性能的影响。在基于样例学习的图像重建过程中，如果图像块尺寸过大，则可能导致细节丢失，使得重建图像过于平滑。相反，如果图像块尺寸过小，则可能在图像的平滑区域引入噪声，并在边缘区域产生锯齿效应。表 2.3 展示了在噪声水平 $\sigma = 0$ 时，利用不同尺寸的图像块重建不同的测试图像的 PSNR(dB) 值和 SSIM 值。表中每幅测试图像对应两行数据，第一行是 PSNR 值，第二行是 SSIM 值。分析表 2.3 的数据可以发现，不同尺寸的图像块对重建效果有显著的影响，其中 5×5 的图像块尺寸在实验中表现最佳。

表2.3 利用不同尺寸的图像块重建不同的测试图像的 PSNR(dB)值和 SSIM 值(噪声水平 σ = 0)

测试图像	4×4	5×5	6×6	7×7	9×9
Butterfly	28.56 0.9249	**29.01** **0.9299**	28.89 0.9287	28.71 0.9262	28.20 0.9199
Bikes	24.71 0.8020	**24.98** **0.8105**	24.97 0.8094	24.88 0.8060	24.76 0.8008
Boats	25.62 0.8144	**26.08** **0.8295**	26.05 0.8276	25.99 0.8269	26.07 0.8273
Flowers	29.29 0.8520	**29.67** **0.8605**	29.66 0.8598	29.61 0.8590	29.46 0.8555
Hat	31.53 0.8748	**31.77** **0.8779**	31.66 0.8774	31.61 0.8765	31.46 0.8741
Leaves	27.56 0.9268	**28.12** **0.9338**	28.07 0.9334	27.89 0.9312	27.55 0.9254
Parrot	30.13 0.9136	**30.69** **0.9189**	30.65 0.9188	30.61 0.9188	30.63 0.9173
Parthenon	26.07 0.7002	**26.25** **0.7045**	26.23 0.7051	26.21 0.7042	26.18 0.7019
Peppers	29.66 0.8852	**30.05** **0.8912**	30.00 0.8808	29.98 0.8886	29.85 0.8863
Plants	33.97 0.9168	**34.52** **0.9232**	34.45 0.9232	34.39 0.9222	34.14 0.9190
平均值	28.71 0.8611	**29.11** **0.8680**	29.07 0.8664	28.99 0.8660	28.83 0.8627

图 2.11 和图 2.12 分别呈现了在"Butterfly"和"Leaves"测试图像上,不同图像块尺寸对性能的影响(下采样大小为 3,噪声水平 σ = 0)。观察结果表明,当选用较小的图像块尺寸(例如 4×4)时,重建图像容易引入伪影。然而,当选用较大的图像块尺寸(例如 9×9)时,则可能导致图像细节的丢失,表现为过度平滑。为确定最优的图像块尺寸,实验结果表明,在无噪声环境下,5×5 的图像块尺寸能够提供最佳性能,而在存在噪声的情况下,6×6 的图像块尺寸则是更佳的选择。

(a) 4×4 的重建结果　　　(b) 5×5 的重建结果　　　(c) 6×6 的重建结果

图 2.11　不同尺寸的图像块在"Butterfly"测试图像上的性
　　　　　能比较结果(下采样大小为 3,噪声水平 σ = 0)

(d) 7×7 的重建结果　　　(e) 9×9 的重建结果　　　(f) 测试用的高分辨率图像

图 2.11　不同尺寸的图像块在"Butterfly"测试图像上的性能比较结果(下采样大小为 3，噪声水平 $\sigma=0$)(续)

(a) 4×4 的重建结果　　　(b) 5×5 的重建结果　　　(c) 6×6 的重建结果

(d) 7×7 的重建结果　　　(e) 9×9 的重建结果　　　(f) 测试用的高分辨率图像

图 2.12　不同尺寸的图像块在"Leaves"测试图像上的性能比较结果(下采样大小为 3，噪声水平 $\sigma=0$)

正则化参数 γ 和 μ 在本章提出的图像重建方法中扮演着关键角色。以"Butterfly"测试图像为研究对象，此处将探讨这两个参数对重建效果的影响。在稀疏表示框架中，正则化参数的选择与输入数据的噪声水平密切相关。噪声水平越高，相应的正则化参数值也应相应增加。在无噪声的实验条件下，γ 和 μ 在区间 [0.1,0.55] 上以 0.05 为步长变化，其对应的 PSNR 和 SSIM 值的三维曲面图如图 2.13 所示(见彩图)。从图中可以观察到，当这两个正则化参数 $\gamma=\mu=0.35$ 时，能够实现

PSNR 和 SSIM 的最大化。对于其他图像，将这两个正则化参数设置为 $\gamma = \mu = 0.35$ 时，也能实现最佳的重建效果。因此，在无噪声的条件下，建议将这两个正则化参数设置为 $\gamma = \mu = 0.35$。在噪声存在的条件下，这两个正则化参数应在区间[0.5, 0.9]上以 0.05 的步长变化进行调整。实验结果证实，当这两个正则化参数 $\gamma = \mu = 0.65$ 时，本章所提出的方法能够为所有测试图像提供最佳的重建效果。

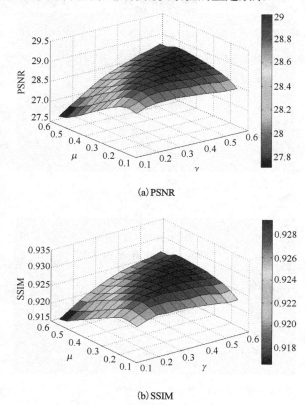

图 2.13　正则化参数 γ 和 μ 在区间[0.1，0.55]上以 0.05 的步长变化的 PSNR 和 SSIM 的三维曲面图

2.5.5　行非局部自相似性正则项的有效性

为评估行非局部自相似性正则项的作用，本章还介绍了两种变体方法。第一种变体通过设定行非局部自相似性正则项的参数 $\mu = 0$，将本章所提出的方法转变为 NCSR 方法，该方法仅涉及列非局部自相似性正则项。第二种变体则是设定列非局部自相似性正则项的参数 $\gamma = 0$，从而将本章所提出的方法转变为 Method-I 方法，该方法仅考虑行非局部自相似性正则项。通过这两种方法的对比，可以明确行非局部自相似性正则

第 2 章　正则化稀疏表示的单幅图像超分辨率重建方法

项在图像重建中的贡献。

表 2.4 列出了在噪声水平 $\sigma=0$ 下，采用不同正则化策略重建测试图像后得到的峰值信噪比(PSNR，单位为 dB)和结构相似性指数(SSIM)值。每幅测试图像对应两行数据，其中第一行显示 PSNR 值，第二行显示 SSIM 值。分析表 2.4 数据可见，Method-I 方法的性能略逊于 NCSR 方法。然而，当同时考虑行非局部自相似性正则项和列非局部自相似性正则项时，本章所提出的方法实现了最优的重建效果。

表 2.4　利用不同的正则项重建不同的测试图像所得出的 PSNR(dB)值和 SSIM 值(噪声水平$\sigma=0$)

测试图像	NCSR	Method-I	本章所提出的方法
Butterfly	28.09	28.20	29.01
	0.9160	0.9184	0.9299
Bikes	24.73	24.60	24.98
	0.8027	0.8001	0.8105
Boats	25.90	25.86	26.08
	0.8233	0.8190	0.8295
Flowers	29.49	29.55	29.67
	0.8561	0.8552	0.8605
Hat	31.28	31.49	31.77
	0.8704	0.8748	0.8779
Leaves	27.47	26.71	28.12
	0.9218	0.9149	0.9338
Parrot	30.49	30.50	30.69
	0.9147	0.9142	0.9189
Parthenon	26.11	25.89	26.25
	0.7016	0.6973	0.7045
Peppers	29.63	29.79	30.05
	0.8832	0.8864	0.8912
Plants	34.04	33.83	34.52
	0.9188	0.9157	0.9232
平均值	28.72	28.65	29.11
	0.8608	0.8600	0.8680

图 2.14 展示了在"Butterfly"测试图像上，不同正则化策略的性能对比(下采样大小为 3，噪声水平 $\sigma=0$)。从视觉质量的角度来看，本章提出的模型，即结合了行非局部自相似性正则项和列非局部自相似性正则项的方法，提供了最佳的视觉效果。

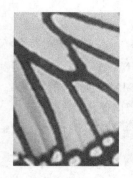   

(a) NCSR 方法　　(b) Method-I 方法　　(c) 本章所提出的方法　　(d) 测试用的高分辨率图像

图 2.14　不同的正则项在"Butterfly"测试图像上的性能比较结果（下采样大小为 3，噪声水平 $\sigma = 0$）

2.5.6　算法的时间复杂度与收敛性能

本章所提出的图像重建方法的时间消耗主要来源于两个核心环节：首先是依托聚类算法的 PCA 子字典构建，其次是图像块的重建工作。

在第一个聚类算法的 PCA 子字典构建环节：聚类工作需要 $O(u \cdot K \cdot q \cdot n)$ 的计算量，其中 K-means 算法的最大迭代次数为 u，采集到的图像块总数为 q，图像块向量化后的长度为 n。每个 PCA 子字典的构建计算量是 $O(K \cdot (m^2 \cdot n^2 + n^3))$。如果每个聚类包含平均 m 个样本块，那么整个 PCA 子字典构建过程的计算量为 $O(I(u \cdot K \cdot q \cdot n + K \cdot (m^2 \cdot n^2 + n^3)))$，其中，外部循环中 PCA 子字典更新的最大迭代次数为 I。

在第二个环节，时间主要消耗在三个关键步骤：寻找 C 个邻近图像块、计算稀疏表示系数，以及迭代优化系数 β_1 和系数 β_2。首先，寻找 C 个最近的邻域图像块需要的计算量为 $O(N_p \cdot r^2 \cdot n)$，这与搜索半径 r 和参与重建的图像块总数 N_p 有关。其次，计算稀疏表示系数涉及的计算量为 $O(N_p \cdot J \cdot n^2)$，其中 J 为内部循环的最大迭代次数。最后，需要 $O(N_p \cdot J_1 \cdot (C \cdot n + n^2))$ 的计算量来计算和更新系数 β_1 和系数 β_2，其中，J_1 表示内部循环中系数的最大更新次数。

与 NCSR 方法相比较，本章所提出的方法在第一个环节的聚类 PCA 子字典训练中计算量大致相同。在第二个环节的前两个步骤中，两种方法的计算量也大致相等。两种方法的主要区别在于迭代更新系数 β_1 和系数 β_2 的过程，本章所提出的方法在这一环节增加了额外的 $O(N_p \cdot J_1 \cdot n^2)$ 计算量以进行系数 β_2 的迭代更新。

为评估本章所提出的方法的收敛效率,将其与三种典型方法(ASDS、NLM_SKR 和 NCSR 方法)进行了对比测试,测试图像选用了"Butterfly"。图 2.15 展示了本章所提出的 DSRSR 方法与 ASDS、NLM_SKR 和 NCSR 方法在收敛性能上的对比情况,其中使用了均方根误差(RMSE)作为评价标准,横轴代表迭代次数。图 2.15 表明,DSRSR 方法在收敛速度上优于其他三种方法。通常,在经过 640 次迭代后,DSRSR 方法能够达到满意的收敛效果。在处理时长方面,将一幅 85×85 的低分辨率图像升级为 255×255 的高分辨率图像大约需要 15 分钟至 18 分钟。

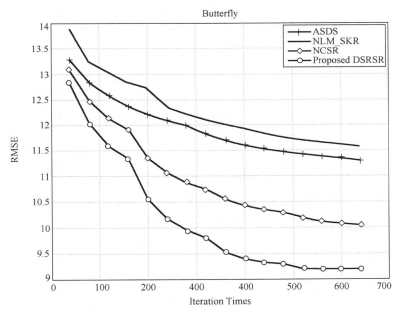

图 2.15 本章所提出的方法与 ASDS、NLM_SKR 和 NCSR 方法在收敛性能上的比较结果

2.6 本章小结

本章首先基于图像的行非局部自相似性特性,构建了针对稀疏表示系数的行非局部自相似性正则项,并将其整合到列非局部自相似性先验的稀疏表示模型中,形成了一种双重稀疏正则化的稀疏表示模型,用于单幅图像的重建。随后,本章扩展了传统的 l_1-范数模型的迭代求解方法,以求解上述双重 l_1-范数模

型。广泛的实验数据证实，本章所提出的方法能够有效地优化稀疏表示系数，从而显著提升单幅图像的重建质量。无论是从视觉感受还是从客观评价指标来看，本章所提出的方法在重建效果上都有显著提升，超越了近年来一些具有代表性的方法。

尽管本章通过引入行非局部自相似性先验显著提升了稀疏表示模型的重建性能，但现有稀疏表示模型在处理图像块的独立稀疏编码时，可能会丢失图像中相似块的全局相似性。这可能导致本应相似的图像块被编码为完全不同的稀疏表示系数，影响模型的稳定性。为解决这一问题，本书将在后续章节中探讨引入稀疏表示系数的低秩约束，以增强模型的稳定性和重建质量。

第3章 稀疏表示联合低秩约束的单幅图像超分辨率重建方法

单幅图像的超分辨率重建旨在从单一的低分辨率图像中恢复出高分辨率图像。随着压缩感知理论的进步，研究者们开始采用稀疏表示框架来实现图像重建。一个典型的稀疏表示模型可以表示为 $s=\arg\min_{s}\{\|y-H\Psi s\|_{2}^{2}+\lambda R(s)\}$，其中 $R(s)$ 代表关于稀疏表示系数 s 的先验知识。近年来，对 $R(s)$ 的研究成为研究的焦点。例如，$R(s)=\|s\|_{0}$，其中，$\|s\|_{0}$ 可以定义为 s 中非零元素的数量。在这种局部稀疏性的稀疏表示模型中，由于 $\|\ \|_{0}$ 问题的不适定性，通常采用 $\|\ \|_{1}$ 范数作为稀疏先验。为增强局部稀疏表示模型的性能，研究者引入了非局部自相似性先验，表达式为 $R(s)=\|s-\beta\|_{p=1,2}$，其中，β 表示稀疏表示系数 s 的近似值或称为非局部加权平均。与局部稀疏先验相比，非局部自相似性先验的优势在于它考虑了相似稀疏表示系数间的全局相似性，从而提升了模型的重建能力。

近期，众多研究致力于通过引入多样化的局部稀疏先验 $R(s)=\|s\|_{1}$ 和非局部自相似性先验 $R(s)=\|s-\beta\|_{p=1,2}$ 来增强稀疏表示模型的图像重建效果。例如，Dong 等人[57]结合局部自回归先验和非局部自相似性先验，提出了一种自适应稀疏域选择与自适应正则化的稀疏表示模型。Yang 等人[58]则提出了一种基于几何约束的非局部自相似性先验的稀疏表示模型，该模型通过将图像空间的自相似性映射到稀疏表示系数空间，从而正则化这些系数。Yang 等人[61]进一步开发了一种结合双稀疏先验和非局部自相似性先验的模型。Lu 等人[62]利用局部流形结构与稀疏先验，构建了一种双稀疏正则化流形学习的稀疏表示模型，其中局部线性嵌入作为关于稀疏表示系数的正则项，确保系数分布在一个平滑的流形上。由于图像在退化过程中常遇到模糊和噪声的干扰，仅依赖局部稀疏先验难以获得精确的稀疏表示系数。因此，Dong 等人[57]进一步开发了一种非局部集中稀疏表示模型，以提高图像重建的精度。同年，为进一步提升稀疏表示模型的性能，Dong 等人通过将图像非局部自相似性先验整合到数据似然项中，设计了一种非局部自回归稀疏表示模型。前面章节已经探讨了稀疏表示系数的行非局部自相似性先验，并将其与局部稀疏先验和列非局部自相似性先验结合，显著增强了稀疏表示模型的重建能力。

对于稀疏表示系数 s 的非局部自相似性先验项 $R(s)=\|s-\beta\|_{p}$，目前的研究提

出了多种稀疏表示模型，这些模型或基于 $R(s)=\|s-\beta\|_{p=1}$ 范数，或基于其他范数形式 $R(s)=\|s-\beta\|_{p=2}$。然而，关于最合适的 p 范数的具体取值，学术界尚未达成共识，也缺乏文献明确指出其最优值。鉴于此，本章的研究将重点放在了 p 为 2 的情形上。

鉴于图像信号的高维特性，稀疏表示模型通常针对图像块进行逐块重建。操作步骤包括：首先，将整个低分辨率图像分割成多个重叠的小区域；其次，在低分辨率字典的支持下，对每个小区域独立进行编码，以获得相应的稀疏表示系数；然后，通过将高分辨率字典与稀疏表示系数相乘的线性组合来重建每个高分辨率图像块；最终，通过加权合并技术将这些高分辨率图像块拼接成完整的高分辨率图像。这种基于稀疏表示的方法通常在较小的图像块上操作，即通过将整幅图像划分为多个小块并独立处理每个小块来进行。

尽管前述的先验项在增强稀疏表示模型的重建效果方面表现出色，但它们普遍面临一个问题：独立对图像块进行稀疏编码会导致丢失图像中相似块间的全局相似性。这可能导致本应相似的图像块被赋予截然不同的稀疏表示系数，影响模型的稳定性。因此，探索图像块间的全局相似性对于增强模型的稳定性至关重要。近年来，低秩约束在多个领域如子空间聚类、人脸识别和图像分割中显示出其广泛的应用价值。研究表明，在稀疏表示模型中施加低秩约束能有效捕捉数据的全局相似性。

本章通过引入低秩约束来捕捉重建过程中相似图像块的全局相似性，确保相似块能够共享相同的稀疏表示系数。该模型融合了低秩约束和非局部自相似性，以保留全局相似性信息。此外，采用自适应惩罚的线性交替方向乘子法对模型进行优化。实验结果表明，与经典的重建模型相比，本章提出的模型在客观评价指标（如 PSNR 和 SSIM）和主观视觉质量方面均展现出更优的重建效果。实验数据也验证了本章模型在维持全局相似性信息方面的有效性。

3.1 相关工作分析

本章将依托经典的线性交替方向乘子法（Linearized Alternating Direction Method with Adaptive Penalty，LADMAP）及传统的稀疏表示理论开展研究。关于传统的稀疏表示理论已在第 2 章进行了详细阐述，本章将重点介绍 LADMAP 的相关内容。

利用 LADMAP 求解下面的线性限制凸问题，其数学描述为

$$\arg\min_{u,v}\{f(u)+g(v)\}, \quad \text{s.t.} \quad \mathcal{A}(u)+\mathcal{B}(v)=c \tag{3.1}$$

其中，u、v 和 c 分别定义为向量或者矩阵。f、g 定义为凸函数（例如，核函数 $\|\cdot\|_*$、

F-范数 $\|\cdot\|_F$、$l_{2,1}$-范数 $\|\cdot\|_{2,1}$ 和 l_1-范数 $\|\cdot\|_1$)。$\mathcal{A}$ 和 $\mathcal{B}$ 定义为线性映射。

公式(3.1)的增广 Lagrangian 函数描述为

$$L(u,v,\lambda) = f(u) + g(v) + \langle \lambda, \mathcal{A}(u) + \mathcal{B}(v) - c \rangle + \frac{\beta}{2} \|\mathcal{A}(u) + \mathcal{B}(v) - c\|_2^2 \quad (3.2)$$

其中，λ 定义为 Lagrange 乘子，$\langle \cdot, \cdot \rangle$ 表示内积，β 定义为惩罚参数。

利用变量分裂法来解公式(3.2)。首先，固定其他参数，求解 u，即

$$\begin{aligned}
u_{k+1} &= \arg\min_{u} L(u, v_k, \lambda_k) \\
&= \arg\min_{u} \left\{ f(u) + \langle \mathcal{A}^*(\lambda_k) + \beta \mathcal{A}^*(\mathcal{A}(u_k) + \mathcal{B}(v_k) - c), u - u_k \rangle + \frac{\beta \eta_A}{2} \|u - u_k\|_2^2 \right\} \\
&= \arg\min_{u} \left\{ f(u) + \frac{\beta \eta_A}{2} \left\| u - u_k + \mathcal{A}^*(\lambda_k + \beta(\mathcal{A}(u_k) + \mathcal{B}(v_k) - c))/(\beta \eta_A) \right\|_2^2 \right\}
\end{aligned}$$
(3.3)

其中，$\mathcal{A}^*$ 为 $\mathcal{A}$ 的伴随矩阵，η_A 为参数。

其次，固定其他参数，求解 v，即

$$\begin{aligned}
v_{k+1} &= \arg\min_{v} L(u_{k+1}, v, \lambda_k) \\
&= \arg\min_{v} \left\{ g(v) + \frac{\beta \eta_B}{2} \left\| v - v_k + \mathcal{B}^*(\lambda_k + \beta(\mathcal{A}(u_{k+1}) + \mathcal{B}(v_k) - c))/(\beta \eta_B) \right\|_2^2 \right\}
\end{aligned}$$
(3.4)

其中，$\mathcal{B}^*$ 为 $\mathcal{B}$ 的伴随矩阵，η_B 为参数。

λ_{k+1} 为

$$\lambda_{k+1} = \lambda_k + \beta[\mathcal{A}(u_{k+1}) + \mathcal{B}(v_{k+1}) - c] \quad (3.5)$$

然后，自适应迭代更新参数 β，即

$$\beta_{k+1} = \min(\beta_{\max}, \rho \beta_k) \quad (3.6)$$

其中，$\beta_{\max}$ 为 $\{\beta_k\}$ 的一个上界，ρ 为

$$\rho = \begin{cases} \rho_0, & \beta_k \max(\sqrt{\eta_A} \|u_{k+1} - u_k\|_2^2, \sqrt{\eta_B} \|v_{k+1} - v_k\|_2^2)/\|c\|_2^2 < \varepsilon_2 \\ 1, & \text{其他} \end{cases} \quad (3.7)$$

其中，ρ_0 为一个常量，ε_2 为一个较小的数。

最后，给出利用 LADMAP 求解公式(3.1)的算法流程，即算法1。

算法1：LADMAP 求解公式(3.1)的算法流程

输入：$\varepsilon_1 > 0$，$\varepsilon_2 > 0$，$\beta_{\max} \gg \beta_0 > 0$，$\eta_A > \|\mathcal{A}\|_2^2$，$\eta_B > \|\mathcal{B}\|_2^2$，$x_0$，$y_0$，$\lambda_0$，$k=0$。

输出：u，v。

步骤：当条件 $\beta_k \max(\sqrt{\eta_A}\|u_{k+1}-u_k\|_2^2, \sqrt{\eta_B}\|v_{k+1}-v_k\|_2^2)/\|c\|_2^2 < \varepsilon_2$ 或者条件 $\|\mathcal{A}(u_{k+1}) + \mathcal{B}(v_{k+1}) - c\|_2^2 /\|c\|_2^2 < \varepsilon_1$ 不满足时，处理如下流程：

  (I) 通过公式(3.3)更新 u；

  (II) 通过公式(3.4)更新 v；

  (III) 通过公式(3.5)更新 λ；

  (IV) 通过公式(3.6)和公式(3.7)更新 β；

  (V) 令 $k = k+1$。

end while

3.2 基于低秩约束和非局部自相似性稀疏表示模型

3.2.1 低秩约束和非局部自相似性

  在单幅图像超分辨率重建的稀疏表示框架中，自然图像的先验知识扮演着关键角色。在进行稀疏表示时，通常追求一个目标：让视觉上相似的图像块映射为一致的稀疏表示系数。这样的映射保证了低分辨率图像块与高分辨率图像块间的一致性，即在重建过程中，原始低分辨率图像块的相似性得以在高分辨率图像块中延续。然而，鉴于图像信号的高维性，稀疏表示通常在小尺寸图像块上进行，这意味着整幅图像被划分为多个小块，并且每个小块被独立处理。这种独立编码的方式可能会导致重建过程中丢失相似的图像块的全局相似性信息。因此，为提升重建效果，需要对稀疏表示系数施加适当的约束，以确保相似图像块能够共享相同的稀疏表示系数，从而增强模型的整体重建性能。

  近期，低秩约束在多个领域如子空间聚类、人脸识别和图像分割中显示出其广泛的应用价值。研究证实，将低秩约束应用于稀疏表示模型的系数中，能有效捕捉数据的全局相似性特征。基于这一发现，本章提出了一种创新的稀疏表示模型，该模型将低秩约束整合到传统模型中。此外，该传统模型原本基于局部稀疏先验 $R(s) = \|s\|_1$ 和非局部自相似性先验 $R(s) = \|s-\beta\|_{p=2}$。这种融合旨在进一步提升模型在捕捉全局相似性方面的效能。

  在深入探讨本章提出的模型之前，先概述一下通常结合局部稀疏先验项和非局部自相似性先验项的稀疏表示模型，即

$$s_i = \arg\min_s \{\|y_i - H\Psi s_i\|_2^2 + \lambda_1 \|s_i\|_1 + \lambda_2 \|s_i - \beta_i\|_2^2\} \tag{3.8}$$

  在探讨如何应用低秩约束之前，先简要回顾矩阵秩的最小化问题。其核心目

第 3 章 稀疏表示联合低秩约束的单幅图像超分辨率重建方法

标是找到一个秩尽可能低的矩阵，同时尽可能保持原矩阵的信息。通过最小化矩阵的秩，可以有效地提取数据的主要成分，减少冗余，从而实现数据的压缩和降噪，即

$$\arg\min\{\operatorname{rank}(\boldsymbol{S})\}, \quad \text{s.t.} \ \boldsymbol{S} \in \Gamma \tag{3.9}$$

其中，$\boldsymbol{S} \in \mathbf{R}^{m \times n}$ 表示矩阵，Γ 表示凸集合。转变公式(3.9)为

$$\arg\min\{\|\boldsymbol{S}\|_*\}, \quad \text{s.t.} \ \boldsymbol{S} \in \Gamma \tag{3.10}$$

其中，$\|\boldsymbol{S}\|_* = \sum_{i=1}^{\min\{m,n\}} \sigma_i(\boldsymbol{S})$，$\sigma_i(\boldsymbol{S}) = \sqrt{\lambda_i(\boldsymbol{S}^\mathrm{T}\boldsymbol{S})}$ 表示矩阵 $\boldsymbol{S}$ 的奇异值，$\|\boldsymbol{S}\|_*$ 表示矩阵 $\boldsymbol{S}$ 的核范数，即奇异值的累加和。

当矩阵 $\boldsymbol{S}$ 由多个相似的稀疏表示系数向量构成其列时，对 $\boldsymbol{S}$ 实施低秩约束意味着寻求一个秩尽可能低的矩阵，以表征这些列向量间的相似性，其数学描述为

$$R(\boldsymbol{S}) = \|\boldsymbol{S}\|_* \tag{3.11}$$

再次描述公式(3.8)为

$$\boldsymbol{S} = \arg\min_{\boldsymbol{S}}\{\|\boldsymbol{Y} - \boldsymbol{H}\boldsymbol{\Psi}\boldsymbol{S}\|_F^2 + \lambda_1\|\boldsymbol{S}\|_1 + \lambda_2\|\boldsymbol{S} - \boldsymbol{S}\boldsymbol{W}\|_F^2\} \tag{3.12}$$

其中，相似的要复原的图像块构建成矩阵 $\boldsymbol{Y}$ 的列，$\boldsymbol{S}$ 中的列对应于 $\boldsymbol{Y}$ 中的列，$\boldsymbol{W}$ 表示权值矩阵。

结合公式(3.11)和公式(3.12)，本章构建了一个融合低秩约束与非局部自相似性特征的稀疏表示模型，即

$$\boldsymbol{S} = \arg\min_{\boldsymbol{S}}\{\|\boldsymbol{Y} - \boldsymbol{H}\boldsymbol{\Psi}\boldsymbol{S}\|_F^2 + \lambda_1\|\boldsymbol{S}\|_1 + \lambda_2\|\boldsymbol{S} - \boldsymbol{S}\boldsymbol{W}\|_F^2 + \lambda_3\|\boldsymbol{S}\|_*\} \tag{3.13}$$

在该模型中，右侧的第一项代表数据保真项，确保重构的信号与实际观测数据的一致性。第二项体现局部稀疏性，即图像在局部区域倾向于具有稀疏表示。第三项引入非局部自相似性，意味着在稀疏域中，一个系数可以通过周围相似系数的加权平均来近似。最后，第四项为低秩约束，它强调在图像重建过程中，相似的图像块应共享一致的稀疏表示系数，从而捕捉图像的全局结构特征。

3.2.2 字典选择

在本章提出的稀疏表示模型中，字典 $\boldsymbol{\Psi}$ 的选取对于模型的性能至关重要。本章通过 ASDS 方法训练一系列紧凑的 PCA 字典，以便更准确地捕捉图像的多种结构特征。具体步骤如下：首先，使用 BI 方法对低分辨率图像进行超分辨率重建，得到

初步的高分辨率图像 x。接着，对 x 进行多尺度处理并提取图像块。之后，应用 K-means 方法对这些图像块进行聚类，其中，聚类数为 K，并对每个聚类使用 PCA 方法训练一个子字典。最终，对于待重建的图像块集合，通过计算该集合质心与各聚类中心间的欧氏距离，挑选最适合的 PCA 子字典，以实现有效的稀疏表示。

3.3 模型的优化求解

在确定了子字典后，采用线性交替方向乘子法（LADMAP）来求解公式 (3.13)。为适应 LADMAP 的求解流程，需要对公式 (3.13) 进行适当的改写，即

$$\arg\min_{S}\{\|S\|_* + \lambda_1\|S\|_1 + \lambda_2\|S - SW\|_F^2\} \\ \text{s.t.} \quad \|Y - H\Psi S\|_F^2 \leqslant \varepsilon \tag{3.14}$$

将辅助变量 m 代入公式 (3.14)，公式描述为

$$\arg\min_{S}\{\|S\|_* + \lambda_1\|M\|_1 + \lambda_2\|M - MW\|_F^2\} \\ \text{s.t.} \quad \|Y - H\Psi S\|_F^2 \leqslant \varepsilon, M = S \tag{3.15}$$

公式 (3.15) 的增广 Lagrange 函数描述为

$$L(S, M, Y_1, Y_2, \mu) = \|S\|_* + \lambda_1\|M\|_1 + \lambda_2\|M - MW\|_F^2 + \langle Y_1, Y - H\Psi S\rangle + \\ \langle Y_2, S - M\rangle + \frac{\mu}{2}(\|Y - H\Psi S\|_F^2 + \|S - M\|_F^2) \tag{3.16}$$

其中，$\langle A, B\rangle = \text{trace}(A^T B)$。

重写公式 (3.16) 为

$$L(S, M, Y_1, Y_2, \mu) = \|S\|_* + \lambda_1\|M\|_1 + \lambda_2\|M - MW\|_F^2 + \\ h(S, M, Y_1, Y_2, \mu) - \frac{1}{2\mu}(\|Y_1\|_F^2 + \|Y_2\|_F^2) \tag{3.17}$$

其中，$h(S, M, Y_1, Y_2, \mu) = \frac{\mu}{2}\left(\left\|Y - H\Psi S + \frac{Y_1}{\mu}\right\|_F^2 + \left\|S - M + \frac{Y_2}{\mu}\right\|_F^2\right)$。

接着进行对 S 和 M 的交替求解，即

$$S^{j+1} = \arg\min_{S}\{\|S\|_* + \langle Y_1^j, Y - H\Psi S^j\rangle + \langle Y_2^j, S^j - M^j\rangle + \\ \frac{\mu}{2}(\|Y - H\Psi S^j\|_F^2 + \|S^j - M^j\|_F^2)\}$$

$$\begin{aligned}
&= \arg\min_{S} \left\{ \|S\|_* + \frac{\eta\mu}{2}\|S-S^j\|_F^2 + \langle \nabla_S h(S^j, M^j, Y_1^j, Y_2^j, \mu), S-S^j \rangle \right\} \\
&= \arg\min_{S} \left\{ \frac{1}{\eta\mu}\|S\|_* + \frac{1}{2}\left\| S - S^j + \frac{1}{\eta}\left[-\Psi^{\mathrm{T}} H^{\mathrm{T}}\left(Y - H\Psi S^j + \frac{Y_1^j}{\mu}\right) + \left(S - M^j + \frac{Y_2^j}{\mu}\right) \right] \right\|_F^2 \right\}
\end{aligned}$$
(3.18)

$$\begin{aligned}
M^{j+1} &= \arg\min_{M} \left\{ \lambda_1 \|M\|_1 + \lambda_2 \|M - MW\|_F^2 + \langle Y_2^j, S^{j+1} - M \rangle + \frac{\mu}{2}\|S^{j+1} - M\|_F^2 \right\} \\
&= \arg\min_{M} \left\{ \frac{\lambda_1}{2\lambda_2+\mu}\|M\|_1 + \frac{1}{2}\left\| M - \left(\frac{2\lambda_2}{2\lambda_2+\mu}W + \frac{1}{2\lambda_2+\mu}Y_2^j + \frac{\mu}{2\lambda_2+\mu}S^{j+1} \right) \right\|_F^2 \right\}
\end{aligned}$$
(3.19)

其中，$\nabla_S h$ 是表示 h 关于 S 的偏导数，$\eta = \|\Psi\|_2^2$。

最后，给出利用 LADMAP 求解公式(3.13)的算法流程，即算法 2。

算法 2：LADMAP 求解公式(3.13)的算法流程

输入：相似矩阵 Y、退化矩阵 H、权值矩阵 W 和给定的字典 Ψ，且 $\eta_B > \|\mathcal{B}\|_2^2$，正则化参数 λ_1 和 λ_2。

输出：相似稀疏表示系数矩阵 S。

步骤 1：令 $S^0 = M^0 = Y_1^0 = Y_2^0 = 0$，$\rho = 1.9$，$\varepsilon = 10^{-7}$，$\mu_{\max} = 10^{10}$。

步骤 2：当不收敛或者 $j \leqslant \mathrm{maxIter}$ 时，处理如下流程：

(I) 固定变量 M，利用公式(3.18)更新 S；

(II) 固定变量 S，利用公式(3.19)更新 M；

(III) 迭代更新乘法子：

$$Y_1^{j+1} = Y_1^j + \mu(Y - H\Psi S^j);$$
$$Y_2^{j+1} = Y_2^j + \mu(S^j - M^j);$$

(IV) 迭代更新 μ：$\mu = \min(\mu_{\max}, \rho\mu)$；

(V) 检查收敛条件：
$$\|S^j - M^j\|_\infty < \varepsilon \text{。}$$

end while

3.4 基于低秩约束和非局部自相似性稀疏表示模型的重建方法

算法 3 详细描述了本章所提出的用于单幅图像超分辨率重建的稀疏表示模型的

操作步骤。在此算法中，I、J 和 N 分别代表迭代过程的最大迭代次数，$Y=HX$。为优化计算效率，算法在 $\mathrm{mod}(j,J_0)=0$ 时，对权重矩阵 W 进行更新。

算法 3：本章提出的稀疏表示模型的单幅图像超分辨率重建的流程

输入：低分辨率图像 y，退化矩阵 H，字典 $\boldsymbol{\Psi}$，正则化参数 λ_1、λ_2 和 δ。
输出：高分辨率图像 x。
步骤 1：用 BI 方法初始化估计图像 $\hat{x}$；
步骤 2：外部循环迭代 $i = 1, \cdots, I$
　　(1) 利用 K-means 和 PCA 更新子字典 $\{\boldsymbol{\Psi}_k\}$；
　　(2) 内部循环迭代 $j = 1, \cdots, J$
　　　　(a) $\hat{x}^{(j+1/2)} = \hat{x}^{(j)} + \delta H^{\mathrm{T}}(y - H\hat{x}^{(j)})$；
　　　　(b) 划分 $\hat{x}^{(j+1/2)}$ 为重叠的子块，然后利用 K-means 将它们聚类为 N 个簇，其中 $X_n^{(j+1/2)}$ 为第 n 个簇；
　　　　(c) 内部循环迭代 $n = 1, \cdots, N$
　　　　　　(I) 对每个 $X_n^{(j+1/2)}$，自适应选取字典 $\boldsymbol{\Psi}_k$，利用算法 2 求解稀疏表示系数 $S_n^{(j+1)}$；
　　　　　　(II) 利用公式 $X_n^{(j+1)} = D_k S_n^{(j+1)}$ 重建高分辨率图像块；
　　　　(d) 利用公式(2.2)重建整幅高分辨率图像 $\hat{x}^{(j+1)}$。

3.5 实验结果与分析

为证明本章所提出方法的效能，选取了 12 幅测试图像进行实验，包括"Butterfly""Bikes""Boats""Flowers""Hat""Leaves""Parrot""Parthenon""Peppers""Plants""Girl""Lena"。如图 3.1 所示，这些图像从左至右、从上至下排列，所有高分辨率测试图像被裁剪至 255×255 的大小。此外，还选取了六种有影响力的单幅图像超分辨率方法进行对比，包括 BI 方法、NE 方法[54]、SC 方法[50]、ASDS 方法[57]、NLM_SKR 方法[42]及 Cao 等人提出的方法[138]。图像重建质量通过 PSNR 和 SSIM 两个客观指标进行评估。鉴于人眼对彩色图像的亮度分量极为敏感，实验中将彩色图像从 RGB 色彩空间转换至 YCbCr 色彩空间，并专注于 Y 通道（亮度分量）的重建。对于色度通道 Cb 和 Cr，则直接使用 BI 方法进行处理。这种方法确保了在图像重建过程中，亮度信息得到优先考虑和优化，而色度信息则通过简化的方法处理，以保持整体图像的视觉质量。

图 3.1 用于实验的 12 幅测试图像

3.5.1 实验环境及参数的设置

为更贴近实际的图像退化场景,首先对所有高分辨率测试图像应用了一个 7×7 尺寸、标准差为 1.6 的 Gaussian 模糊核,随后实施了 3 倍的下采样,以生成无噪声的低分辨率测试图像。此外,为模拟实际拍摄条件下的噪声干扰,在无噪声的低分辨率测试图像中加入了标准差为 6 的 Gaussian 噪声。

在本章的实验设置中,算法 3 的参数配置如下:利用 K-means 方法进行 PCA 字典训练时,图像块的聚类数目定为 $K=70$,每个聚类中包含 10 个相似图像块。算法的外部循环和内部循环的最大迭代次数分别设置为 $I=4$ 和 $J=160$,参数 $\delta=3.5$。实验结果显示,本章所提出的方法对这些参数选择具有较好的鲁棒性,即在一定的参数变化范围内,重建效果保持稳定。

与图像块尺寸和正则化参数(λ_1 和 λ_2)的选择相比,其他因素对方法性能的影响较小。根据 Yang 等人[50]的研究,本实验中正则化参数 λ_1 被设定为 0.1。非局部参数 λ_2 的确定基于对 λ_2 和 λ_1 的线性关系($\lambda_2=v\lambda_1$)的分析。参数 v 的候选值集合为 {1/30,

1/28，1/26，1/24，1/22，1/20，1/18，1/16，1/14，1/12，1/10，1/8，1/6，1/4，1/2，1，2，4，6，8，10，12，14，16，18，20，22，24，26，28，30}。在无噪声的实验设置中，图像块尺寸选用 4×4，v 设为 1/8。而在含噪声的实验中，图像块尺寸增至 5×5，v 调整为 8。关于这些参数在不同实验条件下的选择策略，将在 3.5.4 节中深入探讨。所有实验在一台装备有双核 2.20 GHz CPU 和 2.0 GB 内存的个人电脑(PC)上执行，运行环境为 MATLAB 2010a 版本。

3.5.2 无噪声实验

本节旨在评估本章所提出的方法在模糊和无噪声条件下的性能，并将其与六种典型方法的性能进行对比。表 3.1 展示了利用不同方法重建测试图像后得到的 PSNR 值和 SSIM 值。其中，首列标识测试图像，其余列展示了各对比方法的性能数据，每幅图像对应两行数据，第一行为 PSNR 值，第二行为 SSIM 值。分析表 3.1 的数据可以发现，BI 方法在数值上通常表现最不理想。除了 ASDS 方法，本章所提出的方法在性能上普遍超越其他五种方法。以 "Butterfly" 测试图像为例，本章所提出的方法在 PSNR 和 SSIM 上分别比排名第二的 ASDS 方法高出 0.97dB 和 0.0154。在整体平均性能上，本章所提出的方法在 PSNR 和 SSIM 上分别比 ASDS 方法高出 0.29dB 和 0.0077。

表 3.1 利用不同的方法重建不同的测试图像所得出的 PSNR(dB) 值和 SSIM 值（噪声水平 $\sigma = 0$）

测试图像	BI	NE	SC	ASDS	NLM_SKR	Cao 等人提出的方法	本章所提出的方法
Butterfly	15.54	20.91	21.15	27.35	27.15	26.74	28.32
	0.6919	0.7351	0.7515	0.9057	0.8978	0.8939	0.9211
Parrot	18.91	25.74	25.93	30.10	29.74	29.75	30.22
	0.7934	0.8324	0.8366	0.9099	0.9041	0.9071	0.9146
Parthenon	21.10	23.02	23.10	25.89	25.66	25.74	26.03
	0.5589	0.5601	0.5678	0.6876	0.6741	0.6823	0.6991
Bikes	18.11	21.01	21.06	24.61	24.24	24.33	24.60
	0.5492	0.5974	0.6083	0.7962	0.7769	0.7855	0.8005
Boats	16.19	21.92	21.94	25.59	25.17	25.40	25.73
	0.5763	0.6340	0.6373	0.8105	0.7963	0.8036	0.8168
Flowers	18.95	24.98	24.97	29.18	28.73	28.90	29.42
	0.6578	0.6901	0.6961	0.8467	0.8340	0.8391	0.8555
Girl	18.40	30.00	29.97	33.46	33.19	33.40	33.48
	0.6631	0.7381	0.7392	0.8201	0.8149	0.8193	0.8219
Hat	22.16	27.43	27.44	31.01	30.75	30.91	31.42
	0.7785	0.7865	0.7892	0.8717	0.8677	0.8694	0.8740
Leaves	18.75	19.98	20.02	26.94	26.62	26.33	27.47
	0.6536	0.6656	0.6750	0.9096	0.9007	0.8964	0.9238

续表

测试图像	BI	NE	SC	ASDS	NLM_SKR	Cao 等人提出的方法	本章所提出的方法
Lena	15.21	26.99	26.94	31.78	31.32	31.65	32.14
	0.7117	0.7709	0.7702	0.8741	0.8649	0.8715	0.8821
Peppers	13.24	24.10	24.08	29.76	29.27	29.46	29.60
	0.5886	0.7586	0.7600	0.8802	0.8701	0.8754	0.8838
Plants	20.25	27.95	27.86	33.42	32.96	33.11	34.08
	0.7374	0.7953	0.7979	0.9074	0.9033	0.9029	0.9188
平均值	18.06	24.50	24.54	29.09	28.73	28.81	29.38
	0.6633	0.7136	0.7190	0.8516	0.8420	0.8456	0.8593

为进一步从视觉角度证明本章所提出的方法的有效性，图 3.2 至图 3.4 展示了在三种测试图像（"Butterfly""Leaves""Lena"）上不同方法的性能对比情况（下采样大小为 3，噪声水平 $\sigma=0$）。观察这些图像可以发现，相较于 BI 方法，基于样例学习的方法（包括 NE、SC、ASDS 和 NLM_SKR 方法）能够重建出更清晰的图像结构。在这些基于样例学习的方法中，NE 方法在处理强边缘时常常产生模糊，这是因为它在选择相似图像块时可能会错误地引入不恰当的块。SC 方法通过引入局部稀疏先验，相较于 NE 方法能更好地解决模糊问题，但这种方法在边缘处容易产生锯齿状的伪影，因为它依赖单一的过完备字典，可能无法覆盖所有图像结构的多样性。ASDS、NLM_SKR 及 Cao 等人提出的方法通过结合局部和非局部先验，能有效去除噪声，但它们倾向于平滑高频细节和模糊图像边缘。与这些方法相比，本章所提出的方法能够产生视觉效果最接近原始图像的结果。例如，在图 3.2(g) 中，对于"Butterfly"测试图像，黑色边缘和白色包围区域的处理更接近于图 3.2(h) 的原始图像。其他方法重建的相同区域则显示出边缘附近的模糊和白色区域中心被黑色污染的问题。在图 3.3 和图 3.4 中，类似的视觉对比结果依然可见。

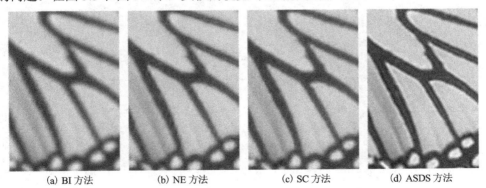

(a) BI 方法　　　(b) NE 方法　　　(c) SC 方法　　　(d) ASDS 方法

图 3.2　不同方法在"Butterfly"测试图像上的性能比较结果（下采样大小为 3，噪声水平 $\sigma=0$）

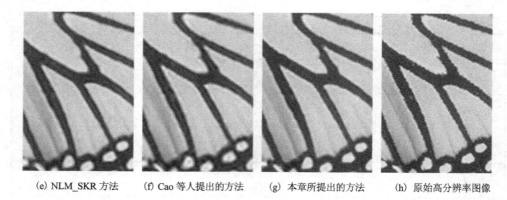

(e) NLM_SKR 方法　　(f) Cao 等人提出的方法　　(g) 本章所提出的方法　　(h) 原始高分辨率图像

图 3.2　不同方法在"Butterfly"测试图像上的性能比较结果（下采样大小为 3，噪声水平 $\sigma = 0$）（续）

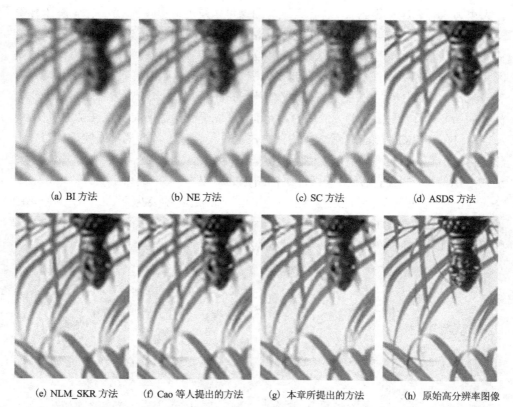

(a) BI 方法　　(b) NE 方法　　(c) SC 方法　　(d) ASDS 方法

(e) NLM_SKR 方法　　(f) Cao 等人提出的方法　　(g) 本章所提出的方法　　(h) 原始高分辨率图像

图 3.3　不同方法在"Leaves"测试图像上的性能比较结果（下采样大小为 3，噪声水平 $\sigma = 0$）

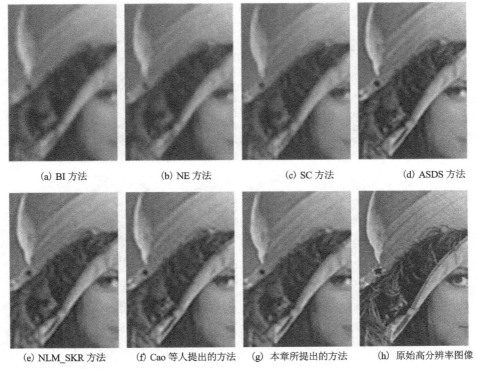

图 3.4 不同方法在"Lena"测试图像上的性能比较结果（下采样大小为 3，噪声水平 $\sigma=0$）

3.5.3 噪声实验

在实际应用中，获取的低分辨率测试图像往往会受到噪声的干扰，这增加了图像超分辨率重建的复杂性。为测试本章所提出的方法的鲁棒性，实验在无噪声、模糊、下采样后的低分辨率测试图像上人为添加了标准差为 6 的 Gaussian 噪声。图 3.5 至图 3.7 展示了在三种测试图像（"Butterfly""Leaves""Lena"）上不同方法的性能对比情况（下采样大小为 3，噪声水平 $\sigma=6$）。结果表明，BI 和 NE 方法对噪声非常敏感，尤其在图像边缘区域，容易观察到明显的噪声伪影。SC 和 NLM_SKR 方法倾向于平滑处理以减少噪声，但这可能导致图像细节丢失。Cao 等人提出的方法在去除噪声方面表现优于 SC 和 NLM_SKR 方法，但在细节保留方面仍有改进空间。ASDS 方法通过结合局部和非局部先验，在高频信息重建和噪声抑制方面表现出色，但在细节保留方面仍有平滑的倾向。与这些方法相比，本章所提出的方法不仅能有效去除噪声，还能保持图像边缘的锐度。因此，本章所提出的方法在视觉效果上更接近原始图像，这展现了其在噪声环境下的优势。

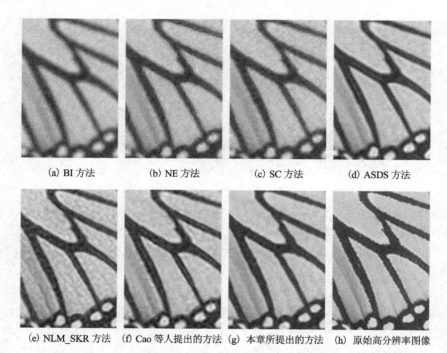

图 3.5 不同方法在"Butterfly"测试图像上的性能比较结果（下采样大小为 3，噪声水平 $\sigma=6$）

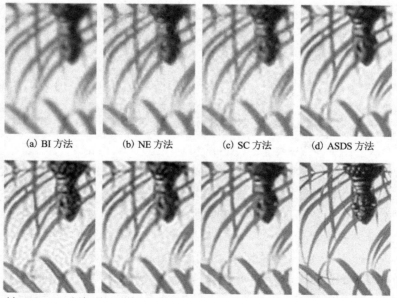

图 3.6 不同方法在"Leaves"测试图像上的性能比较结果（下采样大小为 3，噪声水平 $\sigma=6$）

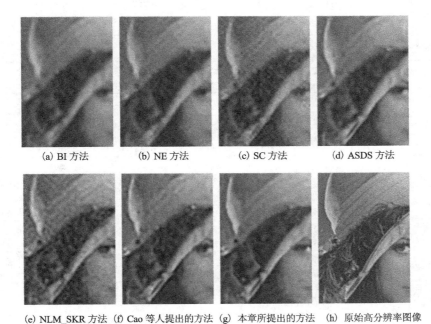

(a) BI 方法　　(b) NE 方法　　(c) SC 方法　　(d) ASDS 方法

(e) NLM_SKR 方法　(f) Cao 等人提出的方法　(g) 本章所提出的方法　(h) 原始高分辨率图像

图 3.7　不同方法在"Lena"测试图像上的性能比较结果(下采样大小为 3,噪声水平 $\sigma=6$)

表 3.2 展示了使用不同方法重建测试图像时得到的 PSNR(dB)值和 SSIM 值,这些值是在特定噪声水平 $\sigma=6$ 下测得的。表中每幅图像对应两行数据:第一行显示 PSNR 值,第二行显示 SSIM 值。通过分析表 3.2 中的数据,可以得出结论:在噪声干扰的条件下,本章所提出的方法取得了最优的结果,这表明该方法在抗噪声方面表现出了较强的鲁棒性。

表 3.2　利用不同的方法重建不同的测试图像所得出的 PSNR(dB)值和 SSIM 值(噪声水平 $\sigma=6$)

测试图像	BI	NE	SC	ASDS	NLM_SKR	Cao 等人提出的方法	本章所提出的方法
Butterfly	15.50	20.67	20.96	25.84	25.21	25.42	26.91
	0.6436	0.6873	0.6905	0.8459	0.7447	0.8148	0.8707
Parrot	18.82	25.27	25.38	28.58	27.19	28.61	29.06
	0.6985	0.7591	0.7227	0.8528	0.7083	0.8513	0.8441
Parthenon	20.89	22.78	22.82	25.09	24.53	24.89	25.34
	0.5261	0.5315	0.5270	0.6283	0.5882	0.6191	0.6478
Bikes	17.99	20.78	20.87	23.43	23.17	23.41	23.80
	0.5153	0.5631	0.5664	0.7124	0.6672	0.7064	0.7331
Boats	16.12	21.72	21.72	24.75	24.05	24.65	24.97
	0.5176	0.5892	0.5689	0.7354	0.6373	0.7158	0.7517

续表

测试图像	BI	NE	SC	ASDS	NLM_SKR	Cao等人提出的方法	本章所提出的方法
Flowers	18.85 0.5972	24.62 0.6418	24.57 0.6270	27.47 0.7610	26.70 0.6899	27.20 0.7440	27.85 0.7760
Girl	18.33 0.5962	29.22 0.6852	28.82 0.6546	31.48 0.7501	29.72 0.6626	31.18 0.7415	31.49 0.7457
Hat	21.94 0.6724	26.91 0.7126	26.70 0.6714	29.35 0.7951	27.91 0.6542	29.17 0.7758	29.69 0.7940
Leaves	18.63 0.6259	19.75 0.6328	19.89 0.6409	25.29 0.8523	24.96 0.7921	24.89 0.8276	26.27 0.8839
Lena	15.17 0.6347	26.50 0.7076	26.31 0.6772	29.82 0.8000	28.34 0.6923	29.55 0.7848	30.24 0.8070
Peppers	13.21 0.5246	23.80 0.7028	23.74 0.6791	28.23 0.8145	27.06 0.7200	27.90 0.7865	28.27 0.8207
Plants	20.06 0.647	27.35 0.7266	27.08 0.692	30.79 0.8208	29.11 0.7123	30.42 0.8024	31.31 0.8322
平均值	17.95 0.6000	24.11 0.6616	24.07 0.6431	27.51 0.7807	26.49 0.6891	27.27 0.7642	27.93 0.7922

3.5.4 算法参数的研究

在本节中，将分析图像块大小和参数 v 对本章所提出的图像重建方法性能的具体影响。在基于样例学习的图像重建方法中，图像块的尺寸是决定重建质量的一个重要变量。如果选用的图像块尺寸过大，可能会导致图像细节丢失，使得重建后的图像过于平滑。相反，如果图像块尺寸过小，则可能在图像中引入不必要的伪影。例如，在图像的平滑区域可能会看到噪声，而在边缘区域可能会观察到锯齿状的边缘效应。此外，与较小尺寸的图像块相比，较大尺寸的图像块也会增加计算负担和处理时间。

为评估图像块大小对本章所提出的方法的具体影响，选取了包括"Butterfly""Bikes""Parrot""Peppers""Leaves"在内的五幅测试图像进行实验。实验中考虑了 4×4、5×5、6×6 和 7×7 四种不同的图像块尺寸。在不同噪声水平 $\sigma=0$ 和 $\sigma=6$ 下，这些尺寸对测试图像性能的影响如图 3.8 所示，其中横轴代表图像块的尺寸。如图 3.8(a)、图 3.8(c) 和图 3.8(e) 所示，随着图像块尺寸的增加，大多数测试图像的 PSNR 和 SSIM 呈现下降趋势，同时本章所提出的方法的处理时间显著增加。为在噪声水平 $\sigma=0$ 情况下获得均衡的重建效果，选择了 4×4 的图像块尺寸。进一步地，图 3.8(b)、图 3.8(d) 和图 3.8(f) 展示了在噪声水平 $\sigma=6$ 下的实验结果。可以观察到，当图像块尺寸为 5×5 和 6×6 时，大多数测试图像的 PSNR 和 SSIM 达到了

第 3 章　稀疏表示联合低秩约束的单幅图像超分辨率重建方法

相近的峰值。相较于 6×6 的图像块尺寸，当图像块尺寸为 5×5 时，本章所提出的方法在处理时间上更为高效。因此，在噪声水平 $\sigma = 6$ 的情况下，为获得均衡的重建效果，选择了 5×5 的图像块尺寸。

本研究旨在探究参数 v 对所提方法效能的影响。为此，将采用"Butterfly"测试图像作为实验对象。在不同噪声水平 $\sigma = 0$ 和 $\sigma = 6$ 下，对比了不同参数 v 设置下的性能表现，结果详见图 3.9。在噪声水平 $\sigma = 0$ 时，图 3.9(a) 和图 3.9(c) 中显示了当参数 v 取值为 1/8（位于 x 轴第 12 点）时，图像的 PSNR 和 SSIM 达到最高值，表明在此噪声水平下，该参数值最为理想。然而，在噪声水平 $\sigma = 6$ 时，图 3.9(b) 和图 3.9(d) 显示，当参数 v 取值为 8（位于 x 轴第 20 点）时，图像的 PSNR 和 SSIM 同样达到最高值，说明在噪声水平 $\sigma = 6$ 时，参数 $v = 8$ 为最优选择。

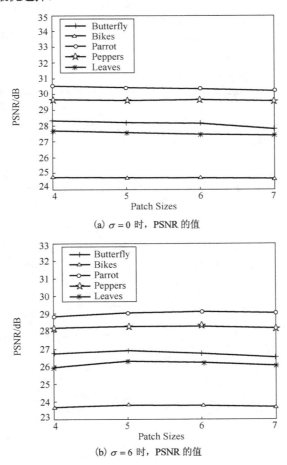

(a) $\sigma = 0$ 时，PSNR 的值

(b) $\sigma = 6$ 时，PSNR 的值

图 3.8　噪声水平分别为 $\sigma = 0$ 和 $\sigma = 6$ 时，不同图像块尺寸下测试图像上的性能比较结果

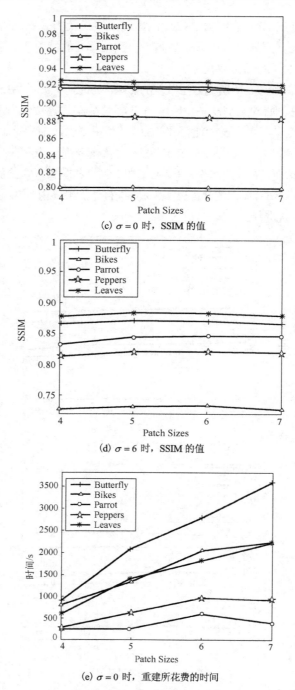

(c) $\sigma=0$ 时，SSIM 的值

(d) $\sigma=6$ 时，SSIM 的值

(e) $\sigma=0$ 时，重建所花费的时间

图 3.8 噪声水平分别为 $\sigma=0$ 和 $\sigma=6$ 时，不同图像块尺寸下测试图像上的性能比较结果(续)

第 3 章 稀疏表示联合低秩约束的单幅图像超分辨率重建方法

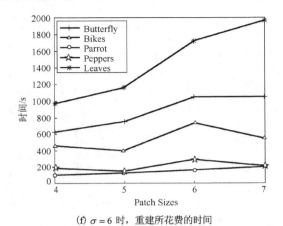

(f) $\sigma=6$ 时，重建所花费的时间

图 3.8 噪声水平分别为 $\sigma=0$ 和 $\sigma=6$ 时，不同图像块尺寸下测试图像上的性能比较结果(续)

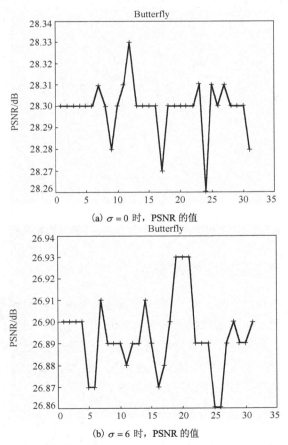

图 3.9 噪声水平分别为 $\sigma=0$ 和 $\sigma=6$ 时，不同参数 v 下测试图像上的性能比较结果

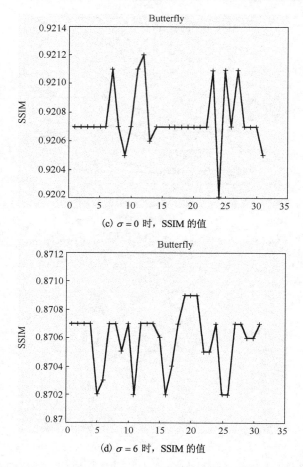

图 3.9 噪声水平分别为 $\sigma=0$ 和 $\sigma=6$ 时，不同参数 v 下测试图像上的性能比较结果(续)

3.5.5 低秩约束正则项的有效性

本研究引入低秩约束的目的是为显示待重建图像块间的全局相似性，确保相似的图像块能够被映射为一致的稀疏编码。为验证此约束的有效性，实验首先搜集了一组相似的图像块，随后计算了两种不同模型下稀疏表示系数矩阵的皮尔森相关系数。这两种模型包括：未采用低秩约束的稀疏表示模型，如公式(3.12)所示，此外，还引入了低秩约束的稀疏表示模型，如公式(3.13)所示。

皮尔森相关系数 ρ：$\rho_{d_i,d_j} = \mathrm{cov}(d_i,d_j) / \sigma_{d_i,d_j}$，其中，$d_i$ 和 d_j 分别表示系数矩阵中的第 i 列和第 j 列，σ 为标准差，cov 为协方差。在这一系数的框架下，

一个较高的值意味着矩阵中对应列之间的相似性较强。

本实验选取了"Butterfly"测试图像作为研究对象。实验步骤包括：首先构建一个由多个相似待重建图像块组成的相似矩阵。接着，利用公式(3.12)和公式(3.13)分别求解该相似矩阵的两个稀疏表示系数矩阵。图 3.10 随机展示了在不同噪声水平 $\sigma=0$ 和 $\sigma=6$ 下，这两种稀疏表示系数矩阵的相关性测量值，其中 x 轴代表相似矩阵，y 轴代表相关系数。通过分析图 3.10，可以明显观察到，采用低秩约束的稀疏表示模型得到的稀疏表示系数矩阵，其相关系数普遍高于未采用低秩约束的模型，从而验证了低秩约束在提升稀疏表示系数矩阵相似性方面的有效性。

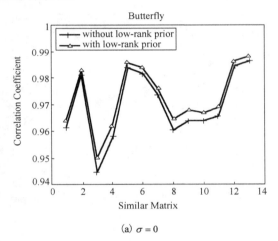

(a) $\sigma=0$

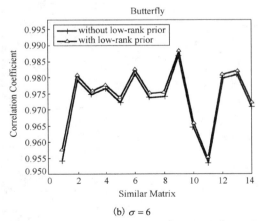

(b) $\sigma=6$

图3.10 在噪声水平分别为 $\sigma=0$ 和 $\sigma=6$ 的情况下对应的两种稀疏表示系数矩阵的相关性测量值

3.5.6 算法的收敛性能

为验证本章所提出的方法的收敛效率，选取了两种典型方法（ASDS 和 NLM_SKR 方法）进行对比实验，实验所用图像为"Butterfly"。图 3.11 展示了在不同噪声水平 $\sigma=0$ 和 $\sigma=6$ 下，三种方法的均方根误差（RMSE）随迭代次数变化的趋势图，其中 x 轴代表迭代次数。通过分析图 3.11，可以发现本章所提出的方法在收敛速度上明显优于其他两种方法。在大多数情况下，仅需要 640 次迭代，本章所提出的方法即可达到满意的收敛效果。在处理效率方面，将一幅 85×85 的低分辨率图像重建成一幅 255×255 的高分辨率图像，所需要的时间大约为 18 分钟至 20 分钟。

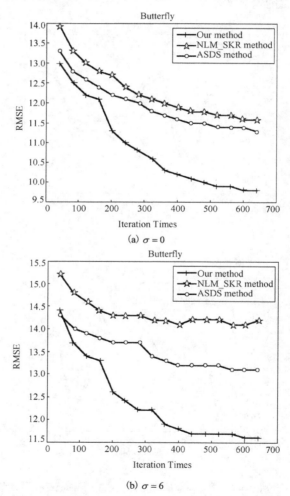

(a) $\sigma=0$

(b) $\sigma=6$

图 3.11 三种方法在噪声水平分别为 $\sigma=0$ 和 $\sigma=6$ 的情况下 RMSE 值变化的曲线

3.5.7 算法复杂度分析

本节将分析算法 3 的计算复杂度。算法 3 的计算量主要来自两个方面：基于聚类的 PCA 子字典训练和稀疏表示。

在步骤 2(1) 中，图像块聚类需要 $O(u \cdot K \cdot q \cdot n)$ 次 K-means 聚类操作。其中 n 是图像块向量化的长度，u 为迭代次数，q 为聚类集合中图像块的数目。PCA 子字典训练需要 $O(K \cdot (m^2 \cdot n^2 + n^3))$ 次 K-means 聚类操作，m 是聚类集合中图像块的数目。因此，步骤 2(1) 需要 $O(I(u \cdot K \cdot q \cdot n + K \cdot (m^2 \cdot n^2 + n^3)))$ 次 K-means 聚类操作，I 是外部循环的迭代次数。

在步骤 2(2) 中，第 (b) 子步需要 $O(I \cdot J \cdot u \cdot N \cdot q \cdot n)$ 次 K-means 聚类操作。N 是聚类的数目，J 是内部循环的迭代次数。第 (c) 子步需要运行算法 2，算法 2 的计算量主要来自两个方面：求解公式 (3.18) 和公式 (3.19)。为求解公式 (3.18)，在每次迭代中，需要计算 SVD 矩阵 maxIter 次，maxIter 是迭代次数。在整个算法中，需要 $O(I \cdot J \cdot N \cdot \text{maxIter})$ 次 K-means 聚类操作。为求解公式 (3.19)，需要计算权值矩阵 W，即需要 $O(I \cdot J \cdot N \cdot N_p^2)$ 次 K-means 聚类操作，N_p 是在第 (b) 子步获得的簇中相似的图像块数目。然后，通过固定 W 去求解变量 M。在整个算法中，稀疏表示模型需要 $O(I \cdot J \cdot N \cdot (2 \cdot n^2 + p \cdot n))$ 次 K-means 聚类操作。因此，步骤 2(2) 共需要 $O(I \cdot J \cdot N \cdot (u \cdot q \cdot n + \text{maxIter} + N_p^2 + 2 \cdot n^2 + p \cdot n))$ 次 K-means 聚类操作。由此可见，算法 3 具有高计算复杂度。

3.6 本章小结

本章揭示了仅依赖图像块独立编码的稀疏表示方法的不足之处。为弥补这一不足，本章首先将稀疏表示系数的低秩约束引入模型中，构建了结合低秩约束与非局部自相似性的稀疏表示框架。接着，利用经典的 LADMAP 算法来优化这一模型。大量的实验数据证实，无论是从视觉感受还是从客观评价标准来看，本章所提出的方法均显著提升了单幅图像重建的质量。此外，这些优异的重建效果也证实了本章所开发的模型在维持图像块间全局相似性方面的高效能力。

第 2 章与本章的研究均从稀疏表示系数的角度出发，针对稀疏表示模型在重建性能和稳定性方面的挑战提出了解决方案。尽管如此，字典学习在图像结构捕捉方面的局限仍限制了模型在正确重建图像边缘结构方面的表现，这一挑战将在未来的研究中得到进一步探讨。

第 4 章 基于图像成分的单幅图像超分辨率重建方法

在单幅图像超分辨率重建的稀疏表示方法中,模型的性能直接影响重建图像的清晰度。因此,探究影响稀疏表示模型性能的因素显得尤为关键。如前面所述的通用稀疏表示模型:$s_{x,i} = \arg\min_{s}\{\|x_i - \Psi s_i\|_2^2 + \lambda\|s_i\|_1\}$,其中稀疏表示系数 s 和字典 Ψ 是影响模型性能的两个主要变量。之前的研究主要集中在如何通过图像先验和低秩约束来优化稀疏表示系数,以增强模型性能和重建质量。本章将进一步探讨字典 Ψ 对模型性能和重建质量的影响。

近年来,字典学习在稀疏表示模型中的应用受到了广泛关注,相关研究主要分为两大类:第一类是基于离散余弦变换、小波变换等分析型字典构建方法。这些方法的优点在于计算效率高,旨在 Hilbert 空间中利用基函数来近似图像块。但这种方法构建的字典在描述复杂图像结构时存在局限性,可能导致稀疏表示的非最优解。第二类是基于样例学习的字典方法,这类方法通过直接从图像数据中学习字典,能够更准确地捕捉图像块的结构特征。例如,Yang 等人[50]首次提出了结合字典学习的单幅图像重建方法,并引入了联合字典训练的策略。

本章将重点分析和评估不同字典学习策略对稀疏表示模型性能的具体影响,以及如何通过优化字典来进一步提升图像重建的质量。

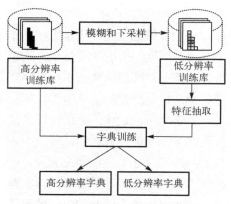

图 4.1　传统联合字典训练的示意图

该方法的操作流程可以概括为三个主要环节:首先,搜集一组高分辨率图像;

第 4 章 基于图像成分的单幅图像超分辨率重建方法

接着，利用公式(1.1)生成相应的低分辨率图像。然后，对这些高分辨率和低分辨率图像实施分块处理，并提取相应的特征，形成多对匹配的图像块（高分辨率图像块与低分辨率图像块）。最终，确保这些图像块对在稀疏表示框架内具有一致的稀疏表示系数，通过这种方式联合优化高分辨率和低分辨率的字典对。由于此方法依赖大量的训练样本，因此其训练周期相对较长。此外，该方法生成的是常规字典对，这可能不足以捕捉图像中多样化的局部结构特征。

为学习图像中多样的局部结构，Dong 等人[57]提出了 ASDS 方法，该方法通过 PCA 方法来构建 PCA 字典。具体步骤包括：从高分辨率图像库中筛选出一些具有代表性的非平滑图像块，接着通过 K-means 对这些图像块进行聚类，最终对每个聚类应用 PCA 方法生成一个子字典。这一流程生成的字典能够覆盖图像中多样的局部结构。同年，Yang 等人[59]为解决大规模训练数据集的问题，并受到多任务学习理念的启发，首先使用 K-means 对训练图像块进行聚类，然后对每个聚类使用 KSVD 方法学习相应的字典。由于 K-means 属于非监督学习，其聚类效果依赖于对 K 值的选择，这可能导致生成的字典在捕捉图像局部结构时存在一定的不稳定性。为解决这一问题，Yang 等人进一步提出了一种监督式的基于图像块主方向的字典学习方法。该方法将图像块初步分为三类：平滑块、主方向块和随机块，然后根据主方向块的方向进一步细分，最后对这些细分后的图像块集合应用 KSVD 方法进行字典训练。从图像的构成要素来看，一幅图像通常包含边缘、纹理细节及平滑区域。其中，边缘和纹理细节构成了图像的高频部分，也是图像超分辨率重建的关键目标。基于这些要素，Jing 等人[139]假设图像由结构层和纹理层组成，并采用 Yang 等人提出的框架来分别训练针对这两个层次的字典。这种方法有助于更精确地重建图像的高频细节。

前述的图像重建方法主要通过训练字典来捕捉图像的高频细节。但当图像含有明显边缘时，由于字典在高频细节捕捉上的局限，稀疏表示模型可能会产生错误的边缘结构。为解决这一问题，Jung 等人[140]提出了一种后处理技术，结合非局部 TV 正则化和迭代反投影来修正边缘错误。然而，这种方法在严重错误修正上的效果有限，主要因为它未能从源头上增强字典学习的性能。为克服仅用训练字典学习高频细节的局限，本章提出了一种基于全局非零梯度惩罚和非局部 Laplacian 稀疏编码的重建方法。该方法将待重建的高分辨率图像视为由边缘和纹理细节组成的两部分。边缘部分由边缘和平滑区域构成，而纹理细节部分则包括平滑区域和纹理细节。在重建边缘成分图像时，可以采用全局非零梯度惩罚模型，该模型通过限制非零梯度的数量来保护边缘结构并锐化边缘。然而，在重建纹理细节成分图像时，非局部自相似性稀疏表示模型是一个有效工具，它通过在局部窗口内搜索和融合相似图像块来恢复丢失的纹理信息。但是，由于完全相同的图像块难以找到，因此这种融合可能会引入不需要的信息，导致性能下降。为排除这些不需要的信息，需要考虑重建图像块与相似图像块间的差异性，通过控制这些差异性可以有效避免不需要的信息的干扰。为此，本章设计了一种非局部 Laplacian 稀疏表示模型来重建纹理细节成分图像，该模型能够有选择地引入有用信息并排除干扰。在分别重建这两部分图像后，可以通过简单叠加得到初步的高分辨率图像。为减少叠加过程中可能产生的缺陷，本章还开发了一种全局和局部优化模型来解决这些问题。

4.1 相关工作分析

本节将概述传统联合字典训练的数学模型、高效的稀疏编码技术和局部可操作核回归(Steering Kernel Regression，SKR)，这些构成了本章理论发展的基础。

4.1.1 传统的联合字典训练的数学形式

$X=[x_1,x_2,\cdots,x_n]\in \mathbf{R}^{N\times n}$ 表示训练集合，$\boldsymbol{\Psi}=[d_1,d_2,\cdots,d_m]\in \mathbf{R}^{N\times m}$ 表示训练字典，$S=[s_1,s_2,\cdots,s_n]\in \mathbf{R}^{m\times n}$ 表示稀疏表示系数。传统的稀疏表示模型的目标函数描述为

$$\{\boldsymbol{\Psi}^*,S^*\}=\arg\min_{\{\boldsymbol{\Psi},S\}}\left\{\|X-\boldsymbol{\Psi}S\|_F^2+\alpha\|S\|_1\right\}$$

$$\text{s.t.}\quad \|d_i\|_2^2\leqslant c \tag{4.1}$$

其中，$\boldsymbol{\Psi}^*$ 表示 $\boldsymbol{\Psi}$ 的近似值，S^* 表示 S 的近似值。$X^h=\{x_1,x_2,\cdots,x_n\}$ 和 $Y^l=\{y_1,y_2,\cdots,y_n\}$ 分别表示高分辨率图像块的集合和对应的低分辨率图像块的集合，n 是集合的数目。训练高分辨率字典 $\boldsymbol{\Psi}_h$ 和低分辨率字典 $\boldsymbol{\Psi}_l$ 的稀疏表示模型分别描述为

$$\{\boldsymbol{\Psi}_h,S\}=\arg\min_{\boldsymbol{\Psi}_h,S}\left\{\|X^h-\boldsymbol{\Psi}_h S\|_F^2+\alpha\|S\|_1\right\} \tag{4.2}$$

$$\{\boldsymbol{\Psi}_l,S\}=\arg\min_{\boldsymbol{\Psi}_l,S}\left\{\|Y^l-\boldsymbol{\Psi}_l S\|_F^2+\alpha\|S\|_1\right\} \tag{4.3}$$

进一步对公式(4.2)和公式(4.3)进行融合：

$$\{\boldsymbol{\Psi}_h,\boldsymbol{\Psi}_l,S\}=\arg\min_{\boldsymbol{\Psi}_h,\boldsymbol{\Psi}_l,S}\left\{\frac{1}{N}\|X^h-\boldsymbol{\Psi}_h S\|_F^2+\frac{1}{M}\|Y^l-\boldsymbol{\Psi}_l S\|_F^2+\alpha\left(\frac{1}{N}+\frac{1}{M}\right)\|S\|_1\right\} \tag{4.4}$$

其中，N 和 M 分别表示高分辨率图像块和低分辨率图像块向量化维度。公式(4.4)

一般形式描述为

$$\{\boldsymbol{\Psi}_c, \boldsymbol{S}\} = \arg\min_{\boldsymbol{\Psi}_c, \boldsymbol{S}} \{\|\boldsymbol{X}_c - \boldsymbol{\Psi}_c \boldsymbol{S}\|_F^2 + \hat{\alpha}\|\boldsymbol{S}\|_1\}$$

$$\text{s.t.} \quad \|\boldsymbol{d}_i\|_2^2 \leq c \tag{4.5}$$

其中，$\boldsymbol{X}_c = \begin{bmatrix} \dfrac{1}{\sqrt{N}}\boldsymbol{X}^h \\ \dfrac{1}{\sqrt{M}}\boldsymbol{Y}^l \end{bmatrix}$，$\boldsymbol{\Psi}_c = \begin{bmatrix} \dfrac{1}{\sqrt{N}}\boldsymbol{\Psi}_h \\ \dfrac{1}{\sqrt{M}}\boldsymbol{\Psi}_l \end{bmatrix}$。

4.1.2 有效的稀疏编码算法

为解决公式(4.1)中 l_1-范数的优化问题，高效的稀疏编码算法采取了迭代优化的策略。具体而言，该算法首先保持字典 $\boldsymbol{\Psi}$ 不变，计算得到稀疏表示系数 $\boldsymbol{S}$；随后，将稀疏表示系数 $\boldsymbol{S}$ 固定，反过来更新字典 $\boldsymbol{\Psi}$。通过这种交替优化的方式，逐步逼近最优的稀疏表示系数和字典，以实现图像数据的有效稀疏编码。

（1）在给定字典 $\boldsymbol{\Psi}$ 的情况下，目标是求解稀疏表示系数 $\boldsymbol{S}$。为单独优化 $\boldsymbol{s}_i$ 中的每个系数向量，需要对公式(4.1)进行适当的改写，即

$$\{\boldsymbol{s}_i^*\} = \arg\min_{\{\boldsymbol{s}_i\}} \left\{ \sum_{i=1}^n \|\boldsymbol{x}_i - \boldsymbol{\Psi}\boldsymbol{s}_i\|_2^2 + \alpha \sum_{i=1}^n \|\boldsymbol{s}_i\|_1 \right\} \tag{4.6}$$

当更新向量 $\boldsymbol{s}_i$ 时，固定其他的向量 $\{\boldsymbol{s}_j\}_{j\neq i}$ 为常量，基于此，针对 $\boldsymbol{s}_i$ 的优化问题可以表示为

$$\arg\min_{\{\boldsymbol{s}_i\}} \left\{ f(\boldsymbol{s}_i) = \|\boldsymbol{x}_i - \boldsymbol{\Psi}\boldsymbol{s}_i\|_2^2 + \alpha \sum_{j=1}^m |\boldsymbol{s}_i^{(j)}| \right\} \tag{4.7}$$

其中，$\boldsymbol{s}_i^{(j)}$ 是向量 $\boldsymbol{s}_i$ 的第 j 个系数。采用次梯度策略求解这个问题，首先，定义 $f(\boldsymbol{s}_i) = h(\boldsymbol{s}_i) + \alpha \sum_{j=1}^m |\boldsymbol{s}_i^{(j)}|$，$\nabla_i^{(j)}|\boldsymbol{s}_i|$ 是向量 $\boldsymbol{s}_i$ 的第 j 个系数的次微分值。若 $|\boldsymbol{s}_i^{(j)}| > 0$，那么 $|\boldsymbol{s}_i^{(j)}|$ 是可微的，因此 $\nabla_i^{(j)}|\boldsymbol{s}_i|$ 等于 $\text{sign}(\boldsymbol{s}_i^{(j)})$。在这里，$\text{sign}()$ 是括号中数值的符号。若 $|\boldsymbol{s}_i^{(j)}| = 0$，那么 $\nabla_i^{(j)}|\boldsymbol{s}_i|$ 的次微分值在区间 $[-1, 1]$ 上。因此，求解 $f(\boldsymbol{s}_i)$ 的最优值将变为求解以下公式：

$$\begin{cases} \nabla_i^{(j)}|h(s_i)| + \alpha\,\mathrm{sign}(s_i^{(j)}) = 0, & |s_i^{(j)}| > 0 \\ \left|\nabla_i^{(j)} h(s_i)\right| \leqslant \alpha, & s_i^{(j)} = 0 \end{cases} \quad (4.8)$$

当 $s_i^{(j)} = 0$，$\left|\nabla_i^{(j)} h(s_i)\right| > \alpha$ 时，如何选择 $\nabla_i^{(j)} f(s_i)$ 的最优化次梯度是需要考虑的一个问题。当 $s_i^{(j)} = 0$ 时，考虑 $\nabla_i^{(j)} h(s_i)$ 的值。若 $\nabla_i^{(j)} h(s_i) > \alpha$，即 $\nabla_i^{(j)} f(s_i) > 0$，此时若减小 $f(s_i)$ 的值，须增加 $s_i^{(j)}$ 的值。由于 $s_i^{(j)}$ 以零值开始，因此，这个无穷小的调整将使 $s_i^{(j)}$ 的值变为负数。为此，令 $\mathrm{sign}(s_i^{(j)}) = -1$。同样，当 $\nabla_i^{(j)} h(s_i) < -\alpha$ 时，令 $\mathrm{sign}(s_i^{(j)}) = 1$。

为更新 s_i，假如获得了 $s_i^{(j)}$ 在最优值的符号，通过用 $s_i^{(j)}$（若 $s_i^{(j)} > 0$）、$-s_i^{(j)}$（若 $s_i^{(j)} < 0$）、0（若 $s_i^{(j)} = 0$）去置换每个 $|s_i^{(j)}|$ 项，此时能移除 $s_i^{(j)}$ 的 l_1-范数。此时，公式(4.7)被转化为一个标准非限制平方优化问题，那么，求解系数 S 的过程分为以下三个环节。第一，对每个 s_i，搜索 $\{s_i^{(j)}\}_{j=1,\cdots,m}$ 的符号。第二，求解公式(4.7)得到 s_i^*。第三，得到最优化的系数矩阵 $S^* = [s_1^*, s_2^*, \cdots, s_n^*]$。当更新每个 s_i 时，为求解潜在的非零值的稀疏表示系数和对应的符号集合 $\theta = [\theta_1, \theta_2, \cdots, \theta_m]$，必须设置活动集合 $\mathcal{Z} = \{j \mid s_i^{(j)} = 0, \nabla_i^{(j)} h(s_i) > \alpha\}$。此时，当最优化公式(4.7)时，算法将自动搜索最优的活动集合和稀疏表示系数的符号。当 $\left|\nabla_i^{(j)} h(s_i)\right| > \alpha$ 取得最大值时，算法将取零值。详细的求解步骤总结在算法1中。

算法1：固定字典 Ψ，求解稀疏表示系数 S 的流程

输入：矩阵 $X = [x_1, x_2, \cdots, x_n]$，给定的字典 $\Psi = [d_1, d_2, \cdots, d_m]$，参数 α。

输出：稀疏表示系数矩阵 $S^* = [s_1^*, s_2^*, \cdots, s_n^*]$。

步骤1：对每个 i，执行步骤2到步骤5。

步骤2：初始化：$s_i = \vec{0}$，$\theta = \vec{0}$ 和 $\mathcal{Z} = \phi$，令 $\theta_j \in \{-1, 0, 1\}$ 定义为 $\mathrm{sign}(s_i^{(j)})$。

步骤3：活动步骤：从 s_i 的零系数中，取 $j = \arg\max_j \left|\nabla_i^{(j)} h(s_i)\right|$，当 $s_i^{(j)}$ 局部提升公式(4.7)时，激发 $s_i^{(j)}$ 或者添加 j 到活动集合中，即

若 $\nabla_i^{(j)} h(s_i) > \alpha$，设置 $\theta_j = -1, \mathcal{Z} = \{j\} \cup \mathcal{Z}$。

若 $\nabla_i^{(j)} h(s_i) < -\alpha$，设置 $\theta_j = 1, \mathcal{Z} = \{j\} \cup \mathcal{Z}$。

步骤4：设定特征符号的步骤：

① 令 $\hat{\Psi}$ 为 Ψ 的子字典，设置 $\hat{s}_i$ 和 $\hat{h}_i$ 分别表示 s_i 和 h_i 的子向量，$\hat{\theta}$ 表示 θ 的活动集合。

② 求解 $\arg\min_{\{s_i\}} \left\{ g(s_i) = \left\| x_i - \hat{\Psi}\hat{s}_i \right\|_F^2 + \alpha \hat{\theta}^{\mathrm{T}} \hat{s}_i \right\}$，令 $(\partial g(\hat{s}_i)/\partial \hat{s}_i) = 0$，求解在当前活动集合下 s_i 的最优解：$\hat{s}_i^{\mathrm{new}} = (\hat{\Psi}^{\mathrm{T}} \hat{\Psi})^{-1}(\hat{\Psi}^{\mathrm{T}} x_i - \alpha \hat{\theta}/2)$。

③ 从 $\hat{s}_i$ 到 $\hat{s}_i^{\mathrm{new}}$，检查 $\hat{s}_i^{\mathrm{new}}$ 的目标值和全部的使稀疏表示系数的符号变化的点，并取使目标函数取得最小值的值为 $\hat{s}_i$ 的更新值。

第4章 基于图像成分的单幅图像超分辨率重建方法

④ 从活动集合中移除 $\hat{s}_i$ 的零系数,并更新 $\theta = \text{sign}(s_i)$。

步骤 5:检查优化条件步骤:

① 优化条件 1:对非零稀疏表示系数:$\nabla_i^{(j)}|h(s_i)| + \alpha\text{sign}(s_i^{(j)}) = 0$,$\forall s_i^{(j)} \neq 0$。若该条件不满足,回到步骤 4(无任何新的活动集合),否则检查下面的优化条件 2。

② 优化条件 2:对零稀疏表示系数:$\left|\nabla_i^{(j)}h(s_i)\right| \leqslant \alpha$,$\forall s_i^{(j)} = 0$。若该条件不满足,回到步骤 3,否则返回 s_i 作为解 s_i^*。

步骤 6:结束所有的 i。

(2) 固定系数 S,求解字典 Ψ,即

$$\{\Psi^*\} = \arg\min_{\{\Psi\}} \left\{\|X - \Psi S\|_F^2\right\}$$

$$\text{s.t.} \quad \|d_i\|_2^2 \leqslant c \tag{4.9}$$

其中,$a = [a_1, \cdots, a_m]$,a_i 是学习到第 i 个不等式限制 $\|d_i\|_2^2 - c \leqslant 0$ 的 Lagrange 乘法子。

公式(4.9)的 Lagrange 对偶函数为

$$\begin{aligned} g(\alpha) &= \inf_{\Psi} L(\Psi, a) \\ &= \inf_{\Psi} (\|X - \Psi S\|_F^2 + \sum_{i=1}^m a_i(\|d_i\|_2^2 - c)) \end{aligned} \tag{4.10}$$

令 Λ 表示 m 维的对角方阵,其中 $\Lambda_{ii} = a_i$,则 $L(\Psi, a)$ 能写为

$$\begin{aligned} L(\Psi, a) &= \|X - \Psi S\|_F^2 + \text{Tr}(\Psi^T\Psi\Lambda) - c\text{Tr}(\Lambda) \\ &= \text{Tr}(X^TX) - 2\text{Tr}(\Psi^TXS^T) + \text{Tr}(S^T\Psi^T\Psi S) + \\ &\quad \text{Tr}(\Psi^T\Psi\Lambda) - c\text{Tr}(\Lambda) \end{aligned} \tag{4.11}$$

令公式(4.11)的一阶偏导为零,求解出最优的 Ψ^*,即

$$\Psi^* SS^T - XS^T + \Psi^*\Lambda = 0 \tag{4.12}$$

$$\Psi^* = XS^T(SS^T + \Lambda)^{-1} \tag{4.13}$$

将公式(4.13)代入公式(4.11)中,Lagrange 对偶函数变为

$$\begin{aligned} g(\alpha) &= \text{Tr}(X^TX) - 2\text{Tr}(XS^T(SS^T + \Lambda)^{-1}SX^T) - c\text{Tr}(\Lambda) + \\ &\quad \text{Tr}((SS^T + \Lambda)^{-1}SX^TXS^T) \\ &= \text{Tr}(X^TX) - \text{Tr}(XS^T(SS^T + \Lambda)^{-1}SX^T) - c\text{Tr}(\Lambda) \end{aligned} \tag{4.14}$$

于是,将对字典 Ψ 的求解转变为对 Λ 的 Lagrange 对偶函数的求解,即

$$\arg\min_{\Lambda}\{\mathrm{Tr}(\boldsymbol{X}\boldsymbol{S}^{\mathrm{T}}(\boldsymbol{S}\boldsymbol{S}^{\mathrm{T}}+\Lambda)^{-1}\boldsymbol{S}\boldsymbol{X}^{\mathrm{T}})+c\mathrm{Tr}(\Lambda)\} \qquad (4.15)$$
$$\text{s.t.} \quad \boldsymbol{a}_i \geqslant 0$$

通过共轭梯度下降法和广义逆，可求解出最优的 $\boldsymbol{\Psi}^*$ 为

$$\boldsymbol{\Psi}^* = \boldsymbol{X}\boldsymbol{S}^{\mathrm{T}}(\boldsymbol{S}\boldsymbol{S}^{\mathrm{T}}+\Lambda^*)^{-1} \qquad (4.16)$$

4.1.3 局部可操作核回归

局部可操作核回归的核心理念在于，通过考虑目标像素周围的邻域像素及其与目标像素的相关性权重，来估算目标像素的值。由于局部可操作核回归具备出色的局部适应性，它在图像恢复任务中得到了广泛的应用。该方法通常采用如下形式进行表达：

$$\hat{z}(\boldsymbol{q}_i) = \arg\min_{z(\boldsymbol{q}_i)}\left\{\sum_{j\in N(\boldsymbol{q}_i)} w_{ij}(\boldsymbol{y}_j - z(\boldsymbol{q}_i))^2\right\} \qquad (4.17)$$

其中，$z(\boldsymbol{q}_i)$ 表示回归函数，$\boldsymbol{q}_i$ 表示观察值 $\boldsymbol{y}_i$ 的坐标，$N(\boldsymbol{q}_i)$ 表示 $\boldsymbol{q}_i$ 的邻域像素。w_{ij} 表示局部操作核权值，它被描述为

$$w_{ij} = \frac{\sqrt{\det(\boldsymbol{C}_i)}}{2\pi h^2}\exp\left\{-\frac{(\boldsymbol{q}_i-\boldsymbol{q}_j)^{\mathrm{T}}\boldsymbol{C}_i(\boldsymbol{q}_i-\boldsymbol{q}_j)}{2h^2}\right\} \qquad (4.18)$$

其中，$\boldsymbol{C}_i$ 是第 $\boldsymbol{q}_i$ 个像素的局部窗口内像素的水平方向和竖直方向上的对称梯度协方差矩阵，h 用于调节操作核的作用范围，确保了权重分配的平滑性。

图4.2展示了原始图像与含噪声图像的SKR核的比较，揭示了SKR核在局部区域的特性。如图4.2(a)所示，在图像的平滑区域，SKR核的形状接近高斯分布；而在边缘区域，SKR核的形状则较好地顺应了边缘区域的方向。此外，图4.2(b)展示了在噪声影响下，相同位置的SKR核对比图，结果表明，即使在噪声干扰下，图像对应像素的SKR核仍能保持较高的一致性。这些观察结果验证了SKR核在图像处理中的适应性和鲁棒性。

通过泰勒级数展开的方法来捕捉图像的局部结构特征。于是，公式(4.17)可以被构建为一个加权最小二乘问题，并以矩阵形式表示，即

$$\begin{aligned}\hat{\boldsymbol{a}}_i &= \arg\min_{\boldsymbol{a}_i}(\boldsymbol{y}-\boldsymbol{\Phi}\boldsymbol{a}_i)^{\mathrm{T}}\boldsymbol{W}_i(\boldsymbol{y}-\boldsymbol{\Phi}\boldsymbol{a}_i) \\ &= \arg\min_{\boldsymbol{a}_i}\|\boldsymbol{y}-\boldsymbol{\Phi}\boldsymbol{a}_i\|_{\boldsymbol{W}_i}^2\end{aligned} \qquad (4.19)$$

其中，$\boldsymbol{y}$ 表示 $N(\boldsymbol{p}_i)$ 的向量形式，$\boldsymbol{W}_i = \mathrm{diag}(\boldsymbol{w}_i)$，$\boldsymbol{a}_i$ 表示向量系数，$\boldsymbol{\Phi}$ 表示多项式基矩阵，它的定义为

$$\boldsymbol{\Phi} = \begin{bmatrix} 1 & (\boldsymbol{p}_i - \boldsymbol{p}_j)^{\mathrm{T}} & \mathrm{vech}^{\mathrm{T}}\left\{(\boldsymbol{p}_i - \boldsymbol{p}_j)(\boldsymbol{p}_i - \boldsymbol{p}_j)^{\mathrm{T}}\right\} \\ \vdots & \vdots & \vdots \end{bmatrix} \qquad (4.20)$$

其中，操作符 vech{ } 用于将矩阵的下三角元素按行优先顺序重排成一个列向量。

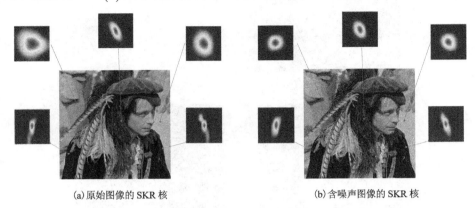

(a) 原始图像的 SKR 核　　　　　　　　(b) 含噪声图像的 SKR 核

图 4.2　原始图像与含噪声图像的 SKR 核对比图

4.2　基于全局非零梯度惩罚和非局部 Laplacian 稀疏表示模型

本节内容将依次展开：首先，介绍全局非零梯度惩罚 (Global non-zero Gradient Penalty，GGP) 模型，该模型旨在重建高分辨率图像的边缘部分。随后，探讨非局部 Laplacian 稀疏表示 (Non-local Laplacian Sparse Coding，NLSC) 模型，其目的是恢复高分辨率图像的纹理细节部分。最终，讨论全局和局部优化 (Global and Local Optimization，GLO) 模型，用以进一步提升高分辨率图像重建的整体质量。通过这三种模型的逐步应用，实现对高分辨率图像不同特征的精确重建和优化。

4.2.1　全局非零梯度惩罚模型重建高分辨率边缘成分图像

为有效重建高分辨率图像的边缘部分，关键在于利用边缘成分图像的内在特性。具体来说，假设高分辨率边缘成分图像主要由边缘和平滑区域组成，其中边缘部分相对较少。这意味着在高分辨率边缘成分图像的重建过程中，应预期大部分区域呈现零梯度(代表平滑区域)，而小部分区域呈现非零梯度(代表边缘)。以高分辨率图像"Butterfly"为例，通过 GGP 方法进行分解的结果可以通过图 4.3 进行说明。具体地，图 4.3(c) 展示了应用 GGP 方法重建得到的高分辨率边缘成分图像，体现了该方法在对边缘部分的提取和重建方面的有效性。

(a)测试用的高分辨率图像

(b)下采样3倍的低分辨率图像

(c)高分辨率边缘成分图像

(d)高分辨率纹理细节成分图像

图4.3　高分辨率图像"Butterfly"通过GGP方法分解后的示意图

为获取高分辨率边缘成分图像，重建过程中需要全局性地控制非零梯度的数量，核心策略是去除细微的梯度变化（即纹理细节部分）而保留显著的梯度变化（即边缘部分）。基于这一分析，开发一种全局性惩罚机制显得尤为必要。Xu等人[141]为有效平滑图像的纹理细节同时保留边缘信息，设计了一种全局性惩罚机制，即稀疏梯度计数器：

$$C(\partial_h \boldsymbol{x}_p, \partial_v \boldsymbol{x}_p) = \#\left\{p \mid |\partial_h \boldsymbol{x}_p| + |\partial_v \boldsymbol{x}_p| \neq 0\right\} \tag{4.21}$$

其中，$\partial_h \boldsymbol{x}_p$ 和 $\partial_v \boldsymbol{x}_p$ 表示高分辨率图像 $\boldsymbol{x}$ 在 p 点的水平方向和垂直方向的梯度。$\#\{\ \}$ 表示计数符号，输出满足 $|\partial_h \boldsymbol{x}_p| + |\partial_v \boldsymbol{x}_p| \neq 0$ 的 p 的数目。

鉴于此惩罚机制在消除图像纹理细节的同时，能够突出并维护边缘结构的特点，本章将其与标准图像重建模型[公式(1.1)]相结合，形成了一种新的全局非零梯度惩罚模型，目的是重建高分辨率图像的边缘部分。该模型的构建旨在通过整合梯度惩罚模型，优化高分辨率图像边缘的重建质量，确保边缘的清晰度和细节的保留，即

$$\hat{\boldsymbol{x}} = \arg\min_{\boldsymbol{x}} \left\{\|\boldsymbol{y} - \boldsymbol{H}\boldsymbol{x}\|_2^2 + \lambda C(\partial_h \boldsymbol{x}_p, \partial_v \boldsymbol{x}_p)\right\} \tag{4.22}$$

其中，λ 是一个调整项，用于控制重建图像的平滑程度。公式右侧的第一项 $\|y-Hx\|_2^2$ 代表数据保真项，确保重建的边缘成分图像在结构上与低分辨率图像保持一致。Xu 等人指出，由于不采用加权平均（如非局部加权），稀疏梯度计数器能够确保处理后的图像边缘既清晰又准确。因此，采用稀疏梯度计数器同样能够确保由公式(4.22)重建的边缘成分图像具有清晰的和准确的边缘特征。

采用半二次性的分裂方法来求解公式(4.22)。首先引入两个辅助变量：m_h^p 和 m_v^p 分别对应 $\partial_h x_p$ 和 $\partial_v x_p$，然后改写公式(4.22)为

$$\hat{x} = \arg\min_{x,m_h,m_v} \left\{ \|y-Hx\|_2^2 + \lambda C(m_h,m_v) + \beta\|\nabla x - M\|_2^2 \right\} \tag{4.23}$$

其中，$M = (m_h, m_v)^T$，$\nabla = (\partial_h, \partial_v)^T$ 是梯度符号。$C(m_h, m_v) = \#\left\{p \mid |m_h^p| + |m_v^p| \neq 0\right\}$ 中 m_h^p 和 m_v^p 为 m_h 和 m_v 在 p 点的梯度。β 为自适应参数来调整 (m_h^p, m_v^p) 和 $(\partial_h x_p, \partial_v x_p)$ 间的相似度。当 β 足够大时，公式(4.23)求出的解将收敛到公式(4.22)的解。下面，交替对 (m_h, m_v) 和 x 进行求解。

首先，固定变量 (m_h, m_v)，求解 x：

$$x^* = \arg\min_x \left\{ \|y-Hx\|_2^2 + \beta\|\nabla x - M\|_2^2 \right\} \tag{4.24}$$

可得到等式：

$$(H^T H + \beta\nabla^T\nabla)x = H^T y + \beta\nabla^T M \tag{4.25}$$

其中，$\nabla^T = (\partial_h, \partial_v)$。利用快速的傅里叶变换对其进行求解：

$$x^* = \text{FFT}^{-1}\left(\frac{\text{FFT}(H)^* \text{FFT}(y) + \beta(\text{FFT}(\partial_h)^* \text{FFT}(m_h) + \text{FFT}(\partial_v)^* \text{FFT}(m_v))}{\text{FFT}(H)^* \text{FFT}(H) + \beta(\text{FFT}(\partial_h)^* \text{FFT}(\partial_h) + \text{FFT}(\partial_v)^* \text{FFT}(\partial_v))} \right) \tag{4.26}$$

其中，$\text{FFT}()^*$ 表示复共轭，$\text{FFT}^{-1}()$ 表示快速的傅里叶逆变换。

其次，固定 x，求解变量 (m_h, m_v)：

$$(m_h^*, m_v^*) = \arg\min_{m_h, m_v} \left\{ \frac{\lambda}{\beta} C(m_h, m_v) + \|\nabla x - M\|_2^2 \right\} \tag{4.27}$$

对公式(4.27)，采用半二次性的分裂方法对 m_h 和 m_v 进行单独的求解：

$$\arg\min_{m_h^p, m_v^p} \sum_p \left\{ (m_h^p - \partial_h x_p)^2 + (m_v^p - \partial_v x_p)^2 + \frac{\lambda}{\beta} D(|m_h^p| + |m_v^p|) \right\} \tag{4.28}$$

其中，$D(|m_h^p| + |m_v^p|)$ 表示二值函数，当 $|m_h^p| + |m_v^p| \neq 0$ 时为 1，反之则为 0。

最后，得到最优解：

$$(\boldsymbol{m}_\mathrm{h}^p, \boldsymbol{m}_\mathrm{v}^p) = \begin{cases} (0,0), & (\partial_\mathrm{h}\boldsymbol{x}_p)^2 + (\partial_\mathrm{v}\boldsymbol{x}_p)^2 \leqslant \dfrac{\lambda}{\beta} \\ (\partial_\mathrm{h}\boldsymbol{x}_p, \partial_\mathrm{v}\boldsymbol{x}_p), & \text{其他} \end{cases} \quad (4.29)$$

依据前述的分析，通过迭代计算所有变量 $(\boldsymbol{m}_\mathrm{h}^p, \boldsymbol{m}_\mathrm{v}^p)$，可以求得公式 (4.27) 的最优值。全局非零梯度惩罚模型用于高分辨率边缘成分图像的重建过程，其步骤在算法 2 中有所体现。在该算法的实现中，β_0 和 $\beta_{\max}$ 分别设置为 2λ 和 10^5。

算法 2：基于全局非零梯度惩罚模型的高分辨率边缘成分图像重建流程

输入：低分辨率图像 y，平滑参数 λ，参数 β_0 和 $\beta_{\max}$，重建倍数 s 和加速因子 k。
输出：重建的高分辨率边缘成分图像。
初始化：对低分辨率图像 y 执行 s 倍的 BI 方法来获取初始化估计图像 $\boldsymbol{x}^0$，取 $\beta = \beta_0$，$i = 0$。
While $\beta \geqslant \beta_{\max}$ 时，停止迭代步骤 1~步骤 3：
 步骤 1：利用公式 (4.27)，固定变量 $\boldsymbol{x}^i$，求解 $(\boldsymbol{m}_\mathrm{h}^i, \boldsymbol{m}_\mathrm{v}^i)$；
 步骤 2：利用公式 (4.24)，固定变量 $(\boldsymbol{m}_\mathrm{h}^i, \boldsymbol{m}_\mathrm{v}^i)$，求解 $\boldsymbol{x}^{i+1}$；
 步骤 3：设置 $\beta = k\beta$，$i++$。
End

4.2.2 非局部 Laplacian 稀疏表示模型重建高分辨率纹理细节成分图像

为高效重建高分辨率图像的纹理细节，本章提出了一种基于联合字典训练的方法。该方法的实施步骤简述如下：首先，搜集并配对一系列低分辨率图像与相应的高分辨率纹理细节成分图像。随后，对这些图像实施分块，并运用监督方向梯度直方图方法进行聚类，以识别图像中的不同特征。在此基础上，通过联合字典训练策略，培养出匹配的低分辨率和高分辨率字典对，以便更精确地捕捉图像特征。对于具体的图像块重建，该方法利用已训练的低分辨率字典和新开发的非局部 Laplacian 稀疏表示模型，为每个低分辨率图像块提取相应的高分辨率纹理细节稀疏表示系数。通过将高分辨率纹理细节字典与这些系数进行线性组合，可以重建出高分辨率纹理细节成分图像块。最终，通过整合所有重建的图像块，形成完整的高分辨率纹理细节成分图像。下面将详细分析这一重建流程的每个关键环节。

1. 监督的方向梯度直方图方法及其在训练库设计中的应用

当前，联合字典训练的研究集中在搜集多样的样本块对（高分辨率与低分辨率图像块）并基于这些样本块对训练相应的字典，其中每对字典对应一种特定的样本块结构。因此，如何对样本块对进行有效分类成为该过程的关键。鉴于方向梯度直方

第4章 基于图像成分的单幅图像超分辨率重建方法

图(HOG)能有效表征低分辨率图像块的几何特征,研究首先利用 HOG 提取样本块对的梯度信息,随后基于这些信息进行非监督的 K-means 聚类。然而,K-means 聚类方法的稳定性受 K 值的影响。如果 K 值设定过小,则不同结构的图像块可能被错误地归为一类,导致训练出的字典无法准确反映单一结构。相反,如果 K 值过大,则原本相似的图像块可能被分散到不同簇中,造成资源浪费并可能导致训练出多个结构相似的字典。因此,仅依靠非监督的 K-means 聚类方法进行分类存在不稳定性。为克服这一问题,研究提出了一种改进策略:首先将高分辨率图像块分为三大类——平滑块、主方向块和随机块,然后根据主方向块的方向特征进行进一步细分。尽管这一方法主要依据高分辨率图像块的几何结构进行分类,但它并未充分利用低分辨率图像块的几何信息,这可能会影响聚类精度和字典训练的效果。未来的研究需要进一步探索如何综合利用高分辨率和低分辨率图像块的几何特征,以实现更准确的和更稳定的样本块对分类。

为解决前述分类难题,本章提出了一种监督式方向梯度直方图聚类方法。该方法的操作流程包括:首先,搜集一定数量的高分辨率图像并生成相应的低分辨率图像。接着,使用算法 2 来重建高分辨率的边缘成分图像。之后,通过高分辨率图像与重建的高分辨率边缘成分图像之差,得到高分辨率的纹理细节成分图像。利用 GGP 方法的分解过程如图 4.4 所示(HR 表示高分辨率,LR 表示低分辨率)。在得到高分辨率纹理细节成分图像后,将对低分辨率图像及其对应的高分辨率纹理细节成分图像执行分块操作,并对这些图像块进行聚类。在此过程中,为确保簇内块对的高相似性,应选择较大的 K 值。但如前文所述,过大的 K 值可能导致训练出多个结构相似的字典,因此需要权衡 K 值的选择以避免这一问题。

为解决 K 值设置过大的问题,本章采纳 Yang 等人[50]提出的监督式基于图像块主导方向的聚类技术,对形成的簇进行处理。令 t 表示低分辨率图像块,其方向梯度直方图为 $G=[g_1,g_2,\cdots,g_n]^T$,其中 $g_i=[\partial_h t_i,\partial_v t_i]$ 为第 i 个像素的梯度,n 表示在此图像块中像素的个数。对 $G \in \mathbf{R}^{n \times 2}$ 施加 SVD 操作获得 $G=\tilde{U}\tilde{S}\tilde{V}^T$。通过计算 $\omega_i = \arctan\left(\dfrac{v_1(2)}{v_1(1)}\right)$,求得低分辨率图像块的主方向 ω_i,其中 $v_1=(v_1(1),v_1(2))^T$ 是 $\tilde{V}$ 的第一列。对于每个簇,计算 $|\omega_i - l| < 7.5$,将其中的每个图像块的 ω_i 投进匹配的盒子里。其中,以 15° 为间隔将 0°~180° 划分为 12 个区间,$l°$ 属于其中的某个区间。最后,取投票数最多的盒子 $l°$ 为该簇的主方向。依据主方向,聚集相似的簇,一共可求得 12 个簇,即 $\left\{\begin{pmatrix}Q_1\\y_1\end{pmatrix},\begin{pmatrix}Q_2\\y_2\end{pmatrix},\cdots,\begin{pmatrix}Q_i\\y_i\end{pmatrix}\right\}^j$,其中,$y_i$ 定义为第 i 个低分辨率图像块,

Q_i 为对应的第 i 个高分辨率纹理细节成分图像块，j 为第 j 个簇。图 4.5 展示了一些主方向簇。

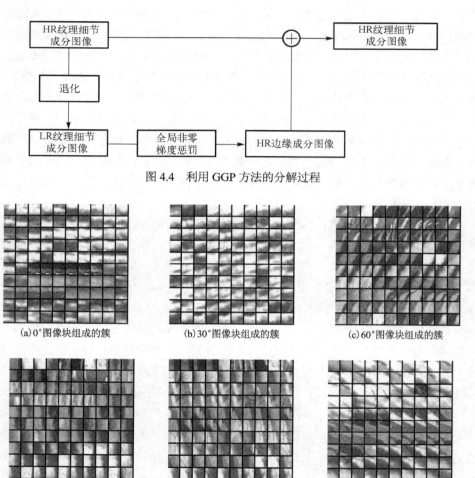

图 4.4　利用 GGP 方法的分解过程

(a) 0°图像块组成的簇　　(b) 30°图像块组成的簇　　(c) 60°图像块组成的簇

(d) 90°图像块组成的簇　　(e) 120°图像块组成的簇　　(f) 150°图像块组成的簇

图 4.5　利用监督的方向梯度直方图方法获得的一些主方向簇

从图 4.5 中可以看出，每个簇内的图像块在几何结构上具有相似性，而不同簇之间的图像块则表现出显著的结构差异。由于聚类过程中引入了监督参数 ω_i，使得聚类方法具有监督性质。聚类完成后，本节将应用联合字典训练策略，针对每个簇分别训练对应的字典对，包括低分辨率字典和高分辨率纹理细节成分字典，以确保每个字典对能够精确地表示其对应簇中图像块的特征。

2. 非局部 Laplacian 稀疏表示模型

非局部自相似性先验的数学描述为

$$\sum_{i=1}^{n}\left\|s_i - \sum_j w_{ji}s_j\right\|_2^2 = \|S - SW\|_F^2 = \mathrm{Tr}(SUS^T) \tag{4.30}$$

其中，$\mathrm{Tr}()$ 为矩阵的迹，$w_{ji} = c_i \mathrm{e}^{-\frac{\|x_i - x_j\|^2}{h_i}}$，$h_i$ 表示平滑参数，c_i 表示归一化参数。$U = (I - W)(I - W)^T$。$W_{ji} = \begin{cases} w_{ji}, & \text{如果 } x_j \text{ 是 } x_i \text{ 的 } k \text{ 个近邻中的一个} \\ 0, & \text{其他} \end{cases}$。

将公式(4.30)代入公式(4.1)，可获得非局部自相似性先验的稀疏表示模型，即

$$\arg\min_{\Psi, S}\left\{\|X - \Psi S\|_F^2 + \alpha_1 \mathrm{Tr}(SUS^T) + \alpha\|S\|_1\right\}, \quad \text{s.t.} \quad \|d_i\|_2^2 \leq c \tag{4.31}$$

非局部自相似性先验的核心优势在于其能够整合信息，对于待重建的图像块，通过在局部搜索窗口内识别并加权平均多个相似块，从而恢复丢失的纹理细节。这种信息整合可以视为多对一的关联。但是，由于寻找完全一致的图像块几乎不可能，这一过程可能会引入一些非目标信息。换言之，标准的非局部信息融合可能会忽略重建块与相似块之间的细微差别，进而影响稀疏表示模型的效能。为过滤掉这些非目标信息，需要考量重建块与相似块之间的差异性，即一对一的关系。通过精细调控这种一对一的差异，可以有效地减少非目标信息的干扰：

$$\frac{1}{2}\sum_{i=1}^{n}\sum_{j=1}^{n}(s_i - s_j)^2 w_{ji}^* = \mathrm{Tr}(SLS^T) \tag{4.32}$$

其中，$L = F^* - W^*$，L 表示 Laplacian 矩阵，F^* 表示对角阵，其对角线上的元素 $F_{ii}^* = \sum_{j=1}^{n} w_{ji}^*$，$W^*$ 表示权值矩阵，对每个 w_{ji}^*，若 x_j 是 x_i 的最近邻，则权值 $w_{ji}^* = \mathrm{e}^{-\frac{\|x_i - x_j\|^2}{h_i}}$，否则权值 $w_{ji}^* = 0$。

通过将公式(4.32)代入公式(4.31)，得到非局部 Laplacian 稀疏表示模型：

$$\arg\min_{\Psi, S}\left\{\|X - \Psi S\|_F^2 + \alpha_1 \mathrm{Tr}(SUS^T) + \alpha_2 \mathrm{Tr}(SLS^T) + \alpha_3 \sum_{i=1}^{n}\|s_i\|_1\right\} \tag{4.33}$$

$$\text{s.t.} \quad \|d_i\|_2^2 \leq c$$

公式(4.33)巧妙地融合了一对多的非局部自相似性与一对一的差异性考量，使

得本章提出的非局部 Laplacian 稀疏表示模型在图像纹理细节的重建方面表现出更高的效能。通过这种方式，模型不仅能够捕捉图像块间的相似性以恢复纹理细节信息，还能通过分析差异性来避免引入非目标信息，从而优化图像重建的质量。

求解公式(4.33)这个 l_1-范数的最小化问题的具体流程如下：

(1) 固定 $\boldsymbol{\Psi}$，求解系数 $\boldsymbol{S}$。为独立更新每个系数向量 $\boldsymbol{s}_i$，公式(4.33)重写为

$$\{\boldsymbol{s}_i^*\} = \arg\min_{\{\boldsymbol{s}_i\}}\left\{\sum_{i=1}^{n}\|\boldsymbol{x}_i - \boldsymbol{\Psi}\boldsymbol{s}_i\|_2^2 + \alpha_1\sum_{i,j=1}^{n}U_{ij}\boldsymbol{s}_i^{\mathrm{T}}\boldsymbol{s}_j + \alpha_2\sum_{i,j=1}^{n}L_{ij}\boldsymbol{s}_i^{\mathrm{T}}\boldsymbol{s}_j + \alpha_3\sum_{i=1}^{n}\|\boldsymbol{s}_i\|_1\right\} \quad (4.34)$$

在更新向量 $\boldsymbol{s}_i$ 时，固定其他的向量 $\{\boldsymbol{s}_j\}_{j\neq i}$ 为常量，即

$$\arg\min_{\{\boldsymbol{s}_i\}}\left\{f(\boldsymbol{s}_i) = \|\boldsymbol{x}_i - \boldsymbol{\Psi}\boldsymbol{s}_i\|_2^2 + \alpha_1 U_{ii}\boldsymbol{s}_i^{\mathrm{T}}\boldsymbol{s}_i + \alpha_2 L_{ii}\boldsymbol{s}_i^{\mathrm{T}}\boldsymbol{s}_i + \boldsymbol{s}_i^{\mathrm{T}}\boldsymbol{h}_i + \alpha_3\sum_{j=1}^{m}|s_i^{(j)}|\right\} \quad (4.35)$$

其中，$\boldsymbol{h}_i = 2\alpha_1\left(\sum_{j\neq i}U_{ij}\boldsymbol{s}_j\right) + 2\alpha_2\left(\sum_{j\neq i}L_{ij}\boldsymbol{s}_j\right)$，$s_i^{(j)}$ 是向量 $\boldsymbol{s}_i$ 的第 j 个系数。此时，利用次梯度策略来解决上述不可微分问题，具体如下：首先，定义 $h(\boldsymbol{s}_i) = \|\boldsymbol{x}_i - \boldsymbol{\Psi}\boldsymbol{s}_i\|_2^2 + \alpha_1 U_{ii}\boldsymbol{s}_i^{\mathrm{T}}\boldsymbol{s}_i + \alpha_2 L_{ii}\boldsymbol{s}_i^{\mathrm{T}}\boldsymbol{s}_i + \boldsymbol{s}_i^{\mathrm{T}}\boldsymbol{h}_i$，则 $f(\boldsymbol{s}_i) = h(\boldsymbol{s}_i) + \alpha_3\sum_{j=1}^{m}|s_i^{(j)}|$。然后，定义 $\nabla_i^{(j)}|\boldsymbol{s}_i|$ 是向量 $\boldsymbol{s}_i$ 的第 j 个系数的次微分值。若 $|s_i^{(j)}| > 0$，则 $|s_i^{(j)}|$ 是可微的，因此 $\nabla_i^{(j)}|\boldsymbol{s}_i|$ 等于 $\mathrm{sign}(s_i^{(j)})$，其中 $\mathrm{sign}()$ 代表括号中数值的符号。若 $|s_i^{(j)}| = 0$，则 $\nabla_i^{(j)}|\boldsymbol{s}_i|$ 的次微分值在区间 $[-1, 1]$ 上。因此，获取 $f(\boldsymbol{s}_i)$ 的最优值将变为对以下公式的处理，即

$$\begin{cases} \nabla_i^{(j)}|h(\boldsymbol{s}_i)| + \alpha_3\mathrm{sign}(s_i^{(j)}) = 0, & |s_i^{(j)}| > 0 \\ |\nabla_i^{(j)}h(\boldsymbol{s}_i)| \geqslant \alpha_3, & s_i^{(j)} = 0 \end{cases} \quad (4.36)$$

当 $s_i^{(j)} = 0$，$|\nabla_i^{(j)}h(\boldsymbol{s}_i)| > \alpha_3$ 时，选择 $\nabla_i^{(j)}f(\boldsymbol{s}_i)$ 的最优化次梯度是一个问题。当 $s_i^{(j)} = 0$ 时，考虑 $\nabla_i^{(j)}h(\boldsymbol{s}_i)$ 的值。若 $\nabla_i^{(j)}h(\boldsymbol{s}_i) > \alpha_3$，即 $\nabla_i^{(j)}f(\boldsymbol{s}_i) > 0$。在这种情况下，若减小 $f(\boldsymbol{s}_i)$ 的值，则须增加 $s_i^{(j)}$ 的值。由于 $s_i^{(j)}$ 以零值开始，这个设置将使 $s_i^{(j)}$ 的值变为负数。为此，令 $\mathrm{sign}(s_i^{(j)}) = -1$。同样，当 $\nabla_i^{(j)}h(\boldsymbol{s}_i) < -\alpha_3$ 时，令 $\mathrm{sign}(s_i^{(j)}) = 1$。为更新 $\boldsymbol{s}_i$，假设已经获取 $s_i^{(j)}$ 在最优值的符号，通过用 $s_i^{(j)}$（若 $s_i^{(j)} > 0$）、$-s_i^{(j)}$（若 $s_i^{(j)} < 0$）、0（若 $s_i^{(j)} = 0$）去置换每个 $|s_i^{(j)}|$ 项，此时可移除 $s_i^{(j)}$ 的 l_1-范数。可见，公式(4.35)将简化为标准的非限制平方优化问题。

优化系数 $\boldsymbol{S}$ 的过程分为三个环节：第一步对每个 $\boldsymbol{s}_i$，搜索 $\{s_i^{(j)}\}_{j=1,\cdots,m}$ 的符号。第二步求解公式(4.35)得到 $\boldsymbol{s}_i^*$。第三步，返回最优化的系数矩阵 $\boldsymbol{S}^* = \left[\boldsymbol{s}_1^*, \boldsymbol{s}_2^*, \cdots, \boldsymbol{s}_n^*\right]$。当更新每个 $\boldsymbol{s}_i$ 时，为确定潜在非零值的稀疏表示系数和对应的符号集合

第4章 基于图像成分的单幅图像超分辨率重建方法

$\theta = [\theta_1, \theta_2, \cdots, \theta_m]$,需要设置活动集合 $\mathcal{Z} = \{j \mid s_i^{(j)} = 0, \nabla_i^{(j)} h(s_i) > \alpha_3\}$。在每个激发步骤中,当 $|\nabla_i^{(j)} h(s_i)| > \alpha_3$ 取得最大值时,算法将取零值。详细的求解步骤总结在算法3中。

算法3:固定字典 $\boldsymbol{\Psi}$,求解稀疏表示系数 $\boldsymbol{S}$ 的流程

输入:矩阵 $\boldsymbol{X} = [\boldsymbol{x}_1, \boldsymbol{x}_2, \cdots, \boldsymbol{x}_n]$,给定的字典 $\boldsymbol{\Psi} = [\boldsymbol{d}_1, \boldsymbol{d}_2, \cdots, \boldsymbol{d}_m]$,矩阵 $\boldsymbol{U}$ 和 $\boldsymbol{L}$,正则化参数 α_1、α_2 和 α_3。

输出:稀疏表示系数矩阵 $\boldsymbol{S}^* = [\boldsymbol{s}_1^*, \boldsymbol{s}_2^*, \cdots, \boldsymbol{s}_n^*]$。

步骤1:对所有的 i 执行步骤2到步骤5的流程。

步骤2:初始化:$\boldsymbol{s}_i = \vec{0}$,$\boldsymbol{\theta} = \vec{0}$ 和 $\mathcal{Z} = \phi$,设置 $\theta_j \in \{-1, 0, 1\}$ 为 $\text{sign}(s_i^{(j)})$。

步骤3:活动步骤:从 $\boldsymbol{s}_i$ 的零系数中,选择 $j = \arg\max |\nabla_i^{(j)} h(\boldsymbol{s}_i)|$。当 $s_i^{(j)}$ 局部提升公式(4.35)时,激发 $s_i^{(j)}$ 或者添加 j 到活动集合中,即

若 $\nabla_i^{(j)} h(\boldsymbol{s}_i) > \alpha_3$,则设置 $\theta_j = -1$,$\mathcal{Z} = \{j\} \cup \mathcal{Z}$。

若 $\nabla_i^{(j)} h(\boldsymbol{s}_i) < -\alpha_3$,则设置 $\theta_j = 1$,$\mathcal{Z} = \{j\} \cup \mathcal{Z}$。

步骤4:设定特征符号的步骤:

① 令 $\hat{\boldsymbol{\Psi}}$ 为 $\boldsymbol{\Psi}$ 的子字典,令 $\hat{\boldsymbol{s}}_i$ 和 $\hat{\boldsymbol{h}}_i$ 表示 $\boldsymbol{s}_i$ 和 $\boldsymbol{h}_i$ 的子向量,令 $\hat{\boldsymbol{\theta}}$ 表示 $\boldsymbol{\theta}$ 的活动集合。

② 求解 $\arg\min\limits_{\{\hat{\boldsymbol{s}}_i\}}\{g(\boldsymbol{s}_i) = \|\boldsymbol{x}_i - \hat{\boldsymbol{\Psi}}\hat{\boldsymbol{s}}_i\|_F^2 + \alpha_1 U_{ii} \hat{\boldsymbol{s}}_i^T \hat{\boldsymbol{s}}_i + \alpha_2 L_{ii} \hat{\boldsymbol{s}}_i^T \hat{\boldsymbol{s}}_i + \hat{\boldsymbol{s}}_i^T \hat{\boldsymbol{h}}_i + \alpha_3 \hat{\boldsymbol{\theta}}^T \hat{\boldsymbol{s}}_i\}$,令 $(\partial g(\hat{\boldsymbol{s}}_i)/\partial \hat{\boldsymbol{s}}_i) = 0$,得到在当前活动集合下 $\boldsymbol{s}_i$ 的最优解:$\hat{\boldsymbol{s}}_i^{\text{new}} = (\hat{\boldsymbol{\Psi}}^T \hat{\boldsymbol{\Psi}} + \alpha_1 U_{ii} \boldsymbol{I} + \alpha_2 L_{ii} \boldsymbol{I})^{-1} (\hat{\boldsymbol{\Psi}}^T \boldsymbol{x}_i - (\alpha_3 \hat{\boldsymbol{\theta}} + \hat{\boldsymbol{h}}_i)/2)$,其中,$\boldsymbol{I}$ 表示单位矩阵。

③ 从 $\hat{\boldsymbol{s}}_i$ 到 $\hat{\boldsymbol{s}}_i^{\text{new}}$,检查 $\hat{\boldsymbol{s}}_i^{\text{new}}$ 的目标值和所有的使稀疏表示系数的符号变化的点,并取使目标函数取得最小值的值为 $\hat{\boldsymbol{s}}_i$ 的更新值。

④ 从活动集合中去除 $\hat{\boldsymbol{s}}_i$ 的零系数并更新 $\boldsymbol{\theta} = \text{sign}(\boldsymbol{s}_i)$。

步骤5:检查优化条件步骤:

优化条件1:对非零稀疏表示系数:$\nabla_i^{(j)}|h(\boldsymbol{s}_i)| + \alpha_3 \text{sign}(s_i^{(j)}) = 0$,$\forall s_i^{(j)} \neq 0$。如果此条件不满足,回到步骤4(没有任何新的活动集合),否则检查下面的优化条件2。

优化条件2:对零稀疏表示系数:$|\nabla_i^{(j)} h(\boldsymbol{s}_i)| \leq \alpha_3$,$\forall s_i^{(j)} = 0$。如果此条件不满足,回到步骤3,否则返回 $\boldsymbol{s}_i$ 作为 $\boldsymbol{s}_i^*$。

步骤6:结束所有的 i。

(2)重写公式(4.33)为关于字典 $\boldsymbol{\Psi}$ 的最小化函数,即

$$\{\boldsymbol{\Psi}^*\} = \arg\min_{\{\boldsymbol{\Psi}\}} \left\{\|\boldsymbol{X} - \boldsymbol{\Psi}\boldsymbol{S}\|_F^2\right\}$$

$$\text{s.t.} \quad \|\boldsymbol{d}_i\|_2^2 \leq c \tag{4.37}$$

这是个标准的对字典 $\boldsymbol{\Psi}$ 的求解问题(详情请参阅前文求解字典 $\boldsymbol{\Psi}$ 的步骤)。

(3) 非局部 Laplacian 稀疏表示模型重建纹理细节成分图像。首先利用非局部 Laplacian 稀疏表示模型联合训练出低分辨率字典和高分辨率纹理细节成分字典。对第 j 个簇：$\left\{\begin{pmatrix}Q_1\\y_1\end{pmatrix},\begin{pmatrix}Q_2\\y_2\end{pmatrix},\cdots,\begin{pmatrix}Q_i\\y_i\end{pmatrix}\right\}^j$，其低分辨率字典和高分辨率纹理细节成分字典训练模型为

$$\arg\min_{\boldsymbol{\Psi}_h^j,\boldsymbol{S}}\left\{\left\|\boldsymbol{Q}_h^j-\boldsymbol{\Psi}_h^j\boldsymbol{S}\right\|_F^2+\alpha_1\mathrm{Tr}(\boldsymbol{SUS}^\mathrm{T})+\alpha_2\mathrm{Tr}(\boldsymbol{SLS}^\mathrm{T})+\alpha_3\sum_{i=1}^n\|\boldsymbol{s}_i\|_1\right\} \quad (4.38)$$

和

$$\arg\min_{\boldsymbol{\Psi}_l^j,\boldsymbol{S}}\left\{\left\|\boldsymbol{Y}_l^j-\boldsymbol{\Psi}_l^j\boldsymbol{S}\right\|_F^2+\alpha_1\mathrm{Tr}(\boldsymbol{SUS}^\mathrm{T})+\alpha_2\mathrm{Tr}(\boldsymbol{SLS}^\mathrm{T})+\alpha_3\sum_{i=1}^n\|\boldsymbol{s}_i\|_1\right\} \quad (4.39)$$

其中，$\boldsymbol{Q}_h^j$ 是第 j 个簇中所有高分辨率纹理细节成分图像块的集合，Y_h^j 是第 j 个簇中所有低分辨率图像块的集合，$\boldsymbol{\Psi}_h^j$ 和 $\boldsymbol{\Psi}_l^j$ 分别为对应的字典。

通过强制上述字典具有相同的稀疏表示系数，公式(4.38)和公式(4.39)转化为

$$\arg\min_{\boldsymbol{\Psi}_h^j,\boldsymbol{\Psi}_l^j,\boldsymbol{S}}\left\{\begin{array}{l}\dfrac{1}{N_1}\left\|\boldsymbol{Q}_h^j-\boldsymbol{\Psi}_h^j\boldsymbol{S}\right\|_F^2+\dfrac{1}{N_2}\left\|\boldsymbol{Y}_l^j-\boldsymbol{\Psi}_l^j\boldsymbol{S}\right\|_F^2+\alpha_1\left(\dfrac{1}{N_1}+\dfrac{1}{N_2}\right)\mathrm{Tr}(\boldsymbol{SUS}^\mathrm{T})+\\ \alpha_2\left(\dfrac{1}{N_1}+\dfrac{1}{N_2}\right)\mathrm{Tr}(\boldsymbol{SLS}^\mathrm{T})+\alpha_3\left(\dfrac{1}{N_1}+\dfrac{1}{N_2}\right)\sum_{i=1}^n\|\boldsymbol{s}_i\|_1\end{array}\right\} \quad (4.40)$$

其中，N_1 和 N_2 定义为高分辨率纹理细节成分图像块和低分辨率图像块中像素的数目。$\dfrac{1}{N_1}$ 和 $\dfrac{1}{N_2}$ 表示协调公式(4.38)和公式(4.39)之间关系的参数。

简化公式(4.40)为

$$\arg\min_{\boldsymbol{\Psi}_c^j,\boldsymbol{S}}\left\{\left\|\boldsymbol{B}_c^j-\boldsymbol{\Psi}_c^j\boldsymbol{S}\right\|_F^2+\hat\alpha_1\mathrm{Tr}(\boldsymbol{SUS}^\mathrm{T})+\hat\alpha_2\mathrm{Tr}(\boldsymbol{SLS}^\mathrm{T})+\hat\alpha_3\sum_{i=1}^n\|\boldsymbol{s}_i\|_1\right\} \quad (4.41)$$

其中，$\boldsymbol{B}_c^j=\left[\dfrac{1}{\sqrt{N_1}}\boldsymbol{Q}_h^j,\dfrac{1}{\sqrt{N_2}}\boldsymbol{Y}_l^j\right]^\mathrm{T}$，$\boldsymbol{\Psi}_c^j=\left[\dfrac{1}{\sqrt{N_1}}\boldsymbol{\Psi}_h^j,\dfrac{1}{\sqrt{N_2}}\boldsymbol{\Psi}_l^j\right]^\mathrm{T}$，$\hat\alpha_1=\alpha_1\left(\dfrac{1}{N_1}+\dfrac{1}{N_2}\right)$，$\hat\alpha_2=\alpha_2\left(\dfrac{1}{N_1}+\dfrac{1}{N_2}\right)$，$\hat\alpha_3=\alpha_3\left(\dfrac{1}{N_1}+\dfrac{1}{N_2}\right)$。

在所有簇的字典对训练完成后，便可重建任意低分辨率图像块对应的高分辨率纹理细节成分图像块。操作步骤为：确定低分辨率图像块的主方向 ω_i，比较其与各簇主方向的偏差。若偏差小于阈值 d，选定该簇及其字典对 $\boldsymbol{\Psi}_h^j$ 和 $\boldsymbol{\Psi}_l^j$ 进行重建。

第4章 基于图像成分的单幅图像超分辨率重建方法

接着,计算低分辨率图像块对应的稀疏表示系数:

$$s_i^* = \arg\min_{s_i} \left\{ \left\| y_i - \Psi_1^j s_i \right\|_2^2 + \alpha_1 \left\| s_i - \sum_{j=1}^n w_{ij} s_j \right\|_2^2 + \alpha_2 \sum_{j=1}^n \left\| s_i - s_j \right\|_2^2 w_{ij}^* + \alpha_3 \left\| s_i \right\|_1 \right\} \quad (4.42)$$

依据公式 $Q_i^* = \Psi_h^j s_i^*$,可重建出高分辨率纹理细节成分图像块。

在完成高分辨率纹理细节成分图像块的重建后,利用加权平均将这些图像块融合,以形成完整的高分辨率纹理细节成分图像。这一步骤确保了图像块在合成过程中的一致性和平滑过渡。随后,将重建得到的高分辨率边缘成分图像与高分辨率纹理细节成分图像实施加法合并操作,从而构建出一幅初步的高分辨率图像 x_0。

4.2.3 全局和局部优化模型提高重建的初始图像的质量

直接相加的方式有时可能会在初步的高分辨率图像中引入不期望的伪影,这可能使得图像无法完全符合重建模型公式(1.1)的要求。为此,本章引入了一个全局限制(Global Constraint, GC)模型,旨在进一步优化重建后的图像质量:

$$x^* = \arg\min_{x} \left\{ \left\| y - Hx \right\|_2^2 + c \left\| x - x_0 \right\|_2^2 \right\} \quad (4.43)$$

在该模型中,c 为正则化项的系数。需要注意的是,全局限制模型未能充分考虑图像的局部特征,例如边缘部分等。因此,直接将其应用于高分辨率图像的优化可能会对已有的边缘部分造成损害。为解决这一问题,本章采用了局部可操作核回归 [公式(4.19)]的简化模型,以针对性地保护图像的边缘部分,即

$$\hat{x} = \arg\min_{x} \left\{ \sum_{i=1}^n \left\| x_i - w_i L_i \right\|_2^2 \right\} \quad (4.44)$$

向量 L_i 由邻域窗口内的像素依据字典顺序构成。向量 w_i 包含局部操作核的权重,这些权重在公式(4.18)中有所定义。

局部操作核因其显著的局部敏感性,在保持图像的局部部分时尤为有效。结合公式(4.43)与公式(4.44),本章提出的全局与局部优化模型能够进一步提升初始重建图像的质量:

$$x^* = \arg\min_{x} \left\{ \left\| y - Hx \right\|_2^2 + c_1 \left\| x - x_0 \right\|_2^2 + c_2 \left\| (I - \tilde{K}) x \right\|_2^2 \right\} \quad (4.45)$$

其中,I 表示单位矩阵,$\tilde{K}$ 定义为

$$\tilde{K}(i,j) = \begin{cases} w_{ij}, & j \in N(x_i) \\ 0, & \text{其他} \end{cases} \quad (4.46)$$

其中，$N(\boldsymbol{x}_i)$ 表示以 $\boldsymbol{x}_i$ 为中心的局部窗口。c_1 和 c_2 表示正则化参数，用于平衡全局和局部限制项。

迭代更新的公式为

$$\tilde{\boldsymbol{x}}_{t+1} = \tilde{\boldsymbol{x}}_t + \tau \left\{ \boldsymbol{H}^{\mathrm{T}}(\boldsymbol{y} - \boldsymbol{H}\tilde{\boldsymbol{x}}_t) - \frac{u}{\tau}(\tilde{\boldsymbol{x}}_t - \boldsymbol{x}_0) - \frac{v}{\tau}(\boldsymbol{I} - \tilde{\boldsymbol{K}})^{\mathrm{T}}(\boldsymbol{I} - \tilde{\boldsymbol{K}})\tilde{\boldsymbol{x}}_t \right\} \quad (4.47)$$

其中，t 是迭代次数，τ 是梯度下降法的步长。u 和 v 表示正则化参数，用于平衡全局和局部限制项。

4.3 基于全局非零梯度惩罚和非局部 Laplacian 稀疏表示模型的重建方法

本节提出的重建方法的框架和流程分别给定在图 4.6（HR 表示高分辨率，LR 表示低分辨率）和算法 4 中。

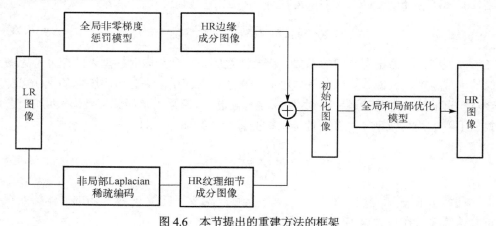

图 4.6 本节提出的重建方法的框架

算法 4：本节提出的重建方法的流程

输入：低分辨率图像 $\boldsymbol{y}$，训练字典对 $\{\boldsymbol{\Psi}_{\mathrm{h}}^j, \boldsymbol{\Psi}_{\mathrm{l}}^j\}$，图像块尺寸 $p \times p$，放大倍数 s。

输出：高分辨率图像 $\boldsymbol{x}$。

步骤 1：用算法 2 重建 $\boldsymbol{y}$ 的边缘成分图像 $\boldsymbol{x}_{\mathrm{EC}}$；

步骤 2：重建 $\boldsymbol{y}$ 的纹理细节成分图像 $\boldsymbol{x}_{\mathrm{TC}}$：

  （1）划分 $\boldsymbol{y}$ 成 $p \times p$ 的图像块，重叠 3 个像素；

  （2）对每个图像块 $\boldsymbol{y}_i$：

    （a）自适应选取字典对 $\{\boldsymbol{\Psi}_{\mathrm{h}}^j, \boldsymbol{\Psi}_{\mathrm{l}}^j\}$，利用公式 (4.42) 计算系数 $\boldsymbol{s}_i^*$；

(b) 重建图像块 $x_{\mathrm{TC}}^i = \boldsymbol{\Psi}_{\mathrm{h}}^j \boldsymbol{s}_i^*$。

(3) 加权所有 x_{TC}^i 构建整幅纹理细节成分图像。

步骤 3：执行 $\boldsymbol{x}_0 = \boldsymbol{x}_{\mathrm{EC}} + \boldsymbol{x}_{\mathrm{TC}}$ 获取初始的高分辨率图像 $\boldsymbol{x}_0$；

步骤 4：对 $\boldsymbol{x}_0$ 利用公式(4.47)重建出理想的高分辨率图像 $\boldsymbol{x}$。

4.4 实验结果与分析

为证明本章所提出的方法的有效性和稳定性，选用了 10 幅广泛使用的测试图像进行三倍超分辨率重建实验。如图 4.7 所示，测试图像顺序为"Tiger""Moth""Lena""Parrot""Parthenon""Peppers""Butterfly""Koala""Girl""Boats"。图像重建质量通过 PSNR 和 SSIM 进行评估。鉴于人眼对彩色图像的亮度信息比对色度信息更为敏感，图像在 RGB 色彩空间转换为 YCbCr 色彩空间后，本章方法专注对亮度分量 Y 的重建，而对色度分量 Cb 和 Cr，则采用 BI 方法进行处理。这种方法确保了亮度信息的高质量重建，同时简化了色度信息的处理。

图 4.7　用于实验的 10 幅测试图像

4.4.1 实验配置

实验中，为重建纹理细节成分图像，需要训练成对的字典：低分辨率字典和高分辨率纹理细节成分字典。此处所用的高分辨率图像源自 BSDS300 数据集，该数据集覆盖了多样的图像类型，包括自然景观、人脸、建筑和交通工具等。在每个聚类中，由于所有图像块对具有相似性，每个子字典的训练不需要大量图像块对，因此实验中设定了 1000 对图像块。低分辨率图像块和对应的高分辨率纹理细节成分图像块的尺寸分别为 5×5 和 15×15。通过聚类分析，定义了 12 个主导方向的簇。在重建过程中，将待处理的低分辨率图像块的主导方向与这些训练簇的主导方向之间的差异阈值 d 设置为 7.5°。为平衡计算效率和重建效果，字典中每个原子的数量被设定为 512。在公式(4.42)中，通过分析最近邻数 k[公式(4.30)和公式(4.32)]从 4 到 16 以 2 为步长的实验结果，设置 k=8。通过分析相似参数 $\hat{\alpha}_2$ 从 0.1 到 3.5 以 0.3 为步长的实验结果，设置 $\hat{\alpha}_2$=1。通过分析稀疏表示系数参数 $\hat{\alpha}_3$ 从 0.04 到 0.2 以 0.02 为步长的实验结果，设置 $\hat{\alpha}_3$=0.1。通过分析步长参数 τ 从 1 到 3.5 以 0.5 为步长的实验结果，设置 τ=2.5。通过分析全局参数 u 从 0.01 到 0.1 以 0.01 为步长的实验结果，设置 u=0.06。通过分析局部参数 v 从 0.1 到 1.5 以 0.2 为步长的实验结果，设置 v=0.7。所有实验均在配备双核 2.20 GHz CPU、2.0 GB 内存的 PC 上进行，使用 MATLAB 2010a 作为运行环境。

实验结果表明，对于本章所提出的方法，所讨论的参数在一定范围内变化时对结果的影响不大。然而，正则化参数 λ 在重建边缘成分图像时非常关键，它影响着方法对边缘连续性和方向性的保护能力。较大的 λ 值会过度惩罚边缘，可能导致低分辨率图像中的边缘信息在纹理细节中丢失，而稀疏表示模型在边缘重建上可能不足。相反，较小的 λ 值可能使边缘信息在纹理细节中保留过多，影响纹理细节的重建效果。通过从 0.002 到 0.03，步长为 0.002 的实验，综合考虑客观评价和主观评价，确定 λ 的最优值。图 4.8 展示了在三倍放大条件下，使用"Butterfly"测试图像，不同 λ 值下重建的高分辨率边缘成分图像的视觉效果。

(a) 低分辨率图像　　(b) λ = 0.008　　(c) λ = 0.018　　(d) λ = 0.025

图 4.8　在三倍的重建条件下，以"Butterfly"测试图像为例，展示 λ 在不同的取值下重建出的高分辨率边缘成分图像的视觉效果

参数调整策略具体为：首先，对于参数 k、$\hat{\alpha}_1$、$\hat{\alpha}_2$、$\hat{\alpha}_3$ 和 λ，通过保持其中四个参数不变，调整剩余的一个参数，然后基于对重建得到的初始高分辨率图像进行客观评价和主观评价，确定该参数的最优取值。其次，对于参数组中的 u、v 和 τ，通过固定其中的两个参数，调整第三个参数，并通过评估最终高分辨率图像的重建质量，找到该参数的最佳值。

4.4.2　无噪声实验

为证明本章所提出的方法的有效性，本节将其与几种现有技术进行比较，包括稀疏编码(SC)方法[50]、邻域嵌入(NE)方法[54]、非局部均值和操作核回归(NLM_SKR)方法[42]及操作核回归(SKR)方法[142]。同时，介绍了本章方法的三种变体：第一种是结合非局部Laplacian稀疏表示和全局限制的单幅图像重建方法(NLSC_GC方法)。第二种是融合全局梯度惩罚、非局部Laplacian稀疏表示和全局限制的单幅图像重建方法(GGP_NLSC_GC方法)。第三种是融合全局梯度惩罚、非局部Laplacian稀疏表示及全局和局部优化的单幅图像重建方法(GGP_NLSC_GLO方法)。这些变体旨在通过不同的技术组合，探索图像重建性能的优化空间。

　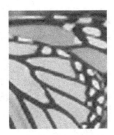

(a) λ =0.008 (PSNR：26.92 dB，SSIM：0.9079)　　(b) λ =0.018 (PSNR：27.85 dB，SSIM：0.9208)

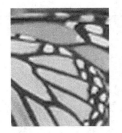　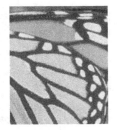

(c) λ =0.025 (PSNR：27.61 dB，SSIM：0.9111)　　(d) 测试用的高分辨率图像

图4.9　在三倍的重建条件下，以"Butterfly"测试图像为例，展示 λ 在不同的取值下重建出的初始的高分辨率图像的视觉效果

不同方法在重建多幅测试图像时的性能，利用PSNR(以dB为单位)和SSIM进行评估，结果汇总在表4.1中。表中每幅图像对应两行数据，其中第一行为PSNR

值，第二行为 SSIM 值。分析结果显示，SKR 方法在这些评价指标上通常表现最差。与 SKR 方法相比，SC 和 NE 方法均展现了更好的性能。本章所提出的 GGP_NLSC_GC 和 NLSC_GC 方法相较于 SC 方法有显著提升。尽管如此，与 NLM_SKR 方法相比，GGP_NLSC_GC 和 NLSC_GC 方法在一些方面仍有不足。在所有比较的方法中，GGP_NLSC_GLO 方法在大多数测试图像上实现了最高的 PSNR 和 SSIM。这一结果归因于全局非零梯度惩罚模型在重建边缘成分图像方面的高效性，以及非局部 Laplacian 稀疏表示模型在重建纹理细节成分方面的优异表现。此外，通过整合局部可操作核回归限制到全局模型中，有效保护了边缘成分，从而确保了重建结果的可靠性。

表 4.1 利用不同的方法重建不同的测试图像所得出的 PSNR(dB) 值和 SSIM 值

测试图像	SKR	NE	SC	NLSC_GC	本章所提出的 GGP_NLSC_GC	NLM_SKR	本章所提出的 GGP_NLSC_GLO
Butterfly	25.41 0.895	24.96 0.864	27.11 0.910	27.41 0.923	27.85 0.921	28.35 0.930	29.27 0.942
Girl	31.94 0.798	31.85 0.786	33.44 0.842	33.55 0.848	33.59 0.845	33.57 0.842	34.41 0.866
Boats	23.88 0.765	24.26 0.717	25.84 0.800	26.02 0.822	26.19 0.812	25.73 0.816	27.63 0.864
Peppers	28.58 0.898	28.53 0.877	30.29 0.910	30.57 0.907	30.89 0.919	31.32 0.924	31.85 0.936
Lena	29.44 0.820	29.95 0.816	30.76 0.847	30.96 0.859	31.10 0.852	31.44 0.862	32.17 0.876
Parrot	30.17 0.875	29.99 0.864	31.87 0.900	32.00 0.907	32.11 0.900	32.33 0.905	33.32 0.918
Parthenon	24.31 0.736	25.28 0.734	26.23 0.780	26.30 0.796	26.50 0.787	26.31 0.790	27.31 0.820
Koala	28.69 0.793	28.62 0.768	30.33 0.840	30.45 0.853	30.53 0.845	30.73 0.849	31.65 0.879
Moth	25.20 0.821	25.61 0.798	27.17 0.852	27.52 0.872	27.90 0.868	27.89 0.877	29.03 0.897
Tiger	23.61 0.789	23.85 0.763	25.50 0.848	25.53 0.861	25.70 0.854	25.68 0.856	27.01 0.895
平均值	27.12 0.819	27.29 0.799	28.85 0.853	29.03 0.865	29.24 0.860	29.33 0.865	30.37 0.890

图 4.10 至图 4.12 展示了 "Boats" "Butterfly" "Parrot" 三幅测试图像在三倍放大重建后的视觉效果。图 4.10 显示，SKR 方法虽能重建部分细节，但在处理弱边缘和微小细节方面表现不佳。NE 方法尽管能重建一些细节，却常在强边缘处产生振铃现象，这通常源于错误图像块的引入。SC 方法虽较好地解决了这些问题，但易在

第 4 章 基于图像成分的单幅图像超分辨率重建方法

边缘处产生模糊和锯齿,这归因于其学习单一过完备字典的局限性。NLSC_GC 方法在处理锯齿问题上表现较好。相较之下,本章所提出的 GGP_NLSC_GC 方法能更好地获得清晰且准确的边缘。NLM_SKR 方法通过结合非局部和局部先验,有效减少了锯齿并锐化了边缘,但其重建的图像往往过于平滑且存在振铃现象。尽管在客观评价上 GGP_NLSC_GC 方法略逊于 NLM_SKR 方法,但视觉结果表明,GGP_NLSC_GC 方法能更好地重建边缘,如图 4.11(f)中的连续边缘。然而,在图 4.11(g)中,相应的部分是不连续的。总而言之,本章所提出的 GGP_NLSC_GC 方法能有效重建边缘成分图像。在所有方法中,GGP_NLSC_GLO 方法不但在客观评价指标上表现最佳,而且在保护边缘和细节方面也做得很好,确保了重建结果的真实性。

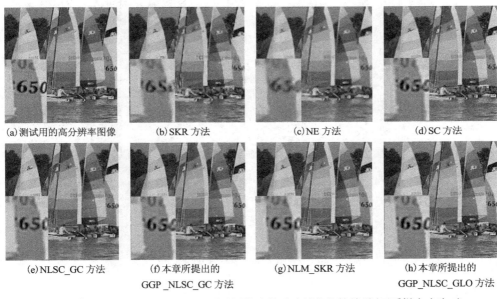

图 4.10　不同的方法在"Boats"测试图像上的重建性能比较结果(下采样大小为 3)

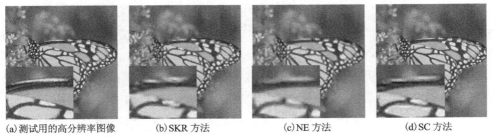

图 4.11　不同的方法在"Butterfly"测试图像上的重建性能比较结果(下采样大小为 3)

  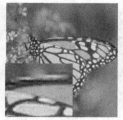 

（e）NLSC_GC 方法　　　（f）本章所提出的　　　（g）NLM_SKR 方法　　　（h）本章所提出的
　　　　　　　　　　　　　GGP_NLSC_GC 方法　　　　　　　　　　　　　　　　GGP_NLSC_GLO 方法

图 4.11　不同的方法在"Butterfly"测试图像上的重建性能比较结果（下采样大小为 3）（续）

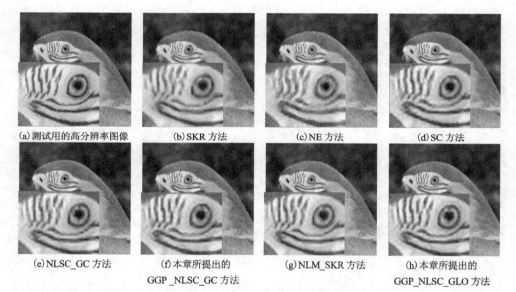

图 4.12　不同的方法在"Parrot"测试图像上的重建性能比较结果（下采样大小为 3）

4.4.3　噪声实验

在实际应用中，低分辨率图像常受到噪声干扰，因此本章所提出的 GGP_NLSC_GLO 方法需要具备强大的抗噪声能力。为验证该方法在噪声环境下的鲁棒性，实验向无噪声低分辨率图像中添加了标准差分别为 $\sigma=4$、$\sigma=6$ 和 $\sigma=8$ 的 Gaussian 噪声。实验选用了"Butterfly""Parrot""Boats""Parthenon"四幅测试图像，并将 SC、NE、NLM_SKR 和 SKR 方法与 GGP_NLSC_GLO 方法进行比较。表 4.2 展示了在不同噪声水平下，各方法重建图像的 PSNR 值。结果表明，随着噪声水平的增加，GGP_NLSC_GLO 方法始终保持着明显的优势。

第 4 章 基于图像成分的单幅图像超分辨率重建方法

表 4.2 在不同的噪声水平下，不同的方法重建不同的图像所得出的 PSNR（dB）值

噪声标准差	方法	Butterfly	Parrot	Boats	Parthenon
$\sigma=4$	SKR	25.27	29.75	23.78	24.20
	NE	25.14	29.62	24.48	25.18
	SC	26.24	29.62	25.13	25.45
	NLM_SKR	27.03	29.71	25.04	25.47
	本章所提出的 GGP_NLSC_GLO	**28.03**	**31.24**	**26.72**	**26.58**
$\sigma=6$	SKR	25.06	29.30	23.67	24.07
	NE	24.97	29.22	24.34	25.03
	SC	25.35	27.89	24.45	24.71
	NLM_SKR	25.75	27.77	24.27	24.64
	本章所提出的 GGP_NLSC_GLO	**27.18**	**29.98**	**26.07**	**25.99**
$\sigma=8$	SKR	24.80	28.68	23.46	23.91
	NE	24.73	28.80	24.17	24.84
	SC	24.33	26.29	23.63	23.90
	NLM_SKR	24.48	26.01	23.40	23.71
	本章所提出的 GGP_NLSC_GLO	**26.26**	**28.96**	**25.43**	**25.25**

图 4.13 呈现了在三倍放大倍率下，不同方法对"Boats"测试图像在不同噪声水平的重建效果。图像的行顺序对应着不同的噪声水平：$\sigma=4$、$\sigma=6$ 和 $\sigma=8$，从上至下依次增加。第一列为 SKR 方法的结果；第二列为 NE 方法的结果；第三列为 SC 方法的结果；第四列为 NLM_SKR 方法的结果；最后一列则展示了本章所提出的 GGP_NLSC_GLO 方法的结果。

(a) SKR 方法　(b) NE 方法　(c) SC 方法　(d) NLM_SKR 方法　(e) GGP_NLSC_GLO 方法

(f) SKR 方法　(g) NE 方法　(h) SC 方法　(i) NLM_SKR 方法　(j) GGP_NLSC_GLO 方法

图 4.13 在三倍的重建条件下，不同噪声水平下不同方法在"Boats"测试图像上的重建结果

(k) SKR 方法　　　(l) NE 方法　　　(m) SC 方法　　　(n) NLM_SKR 方法　　　(o) GGP_NLSC_GLO 方法

图 4.13　在三倍的重建条件下，不同噪声水平下不同方法在"Boats"测试图像上的重建结果(续)

如图 4.13 所示，尽管 SKR 方法在降噪方面表现不错，但往往会得到过于平滑的图像。NE 方法由于在挑选相似图像块时可能引入错误，特别是在噪声干扰下，容易产生含有噪声的重建结果。SC 方法虽然能有效降噪，但往往会牺牲图像细节。NLM_SKR 方法在去除噪声方面表现出色，但在边缘处仍可见振铃现象。与这些方法相比，本章所提出的 GGP_NLSC_GLO 方法不仅能有效去除噪声，还能准确重建边缘细节。这些结果证实了 GGP_NLSC_GLO 方法在噪声环境下的鲁棒性。

4.4.4　算法复杂度分析

在算法 4 的执行过程中，时间消耗主要归因于三个关键环节：首先是利用全局非零梯度惩罚模型对高分辨率图像的边缘进行重建，其次是通过非局部 Laplacian 稀疏表示模型对高分辨率图像的纹理细节进行重建，最后是通过全局与局部优化模型来提升重建图像的整体质量。在这一过程中，高分辨率图像被划分为大小为 $n_1 \times n_2$ 的块，而低分辨率图像则被划分为大小为 $p \times p$ 的块，分解后得到的低分辨率图像块总数为 P，用于训练的簇数量为 C，字典的规模为 $d_h \times d_w$。在利用全局非零梯度惩罚模型重建高分辨率图像的边缘时，算法 2 的第一步涉及了 $O(n \cdot n_1 \cdot n_2)$ 次比较操作，而第二步则包括了 $7n$ 次 FFTs 计算量和 $O(n \cdot n_1 \cdot n_2)$ 的逐项操作计算量，这里的 n 代表迭代次数。至于非局部 Laplacian 稀疏表示模型用于重建高分辨率图像的纹理细节，其字典训练过程是预先完成的，因此在计算时间上不将其计入成本。在算法 2 中，时间消耗主要集中在三个环节：自适应字典的选择、K-NN 相似块的搜索及有效的特征符号搜索。其中，通过 SVD 计算低分辨率图像块的主方向需要 $O(P \cdot p^2)$ 次运算，而 K-NN 相似块的搜索则需要 $O(k \cdot P^2 \cdot p^2)$ 次运算。在稀疏表示系数的计算中，有效的特征符号搜索操作需要 $O(P \cdot d_w \cdot d_h \cdot d_w + P \cdot d_w \cdot d_h + P \cdot d_w)$ 次运算。

对于全局和局部优化模型，局部窗口的大小被设定为 r。计算局部窗口的梯度矩阵需要 $O(t \cdot n_1 \cdot n_2 \cdot r^2)$ 次 SVD 运算，这里的 t 代表迭代次数。在公式 (4.47) 中，涉及 4 次矩阵乘法和 6 次矩阵加法。对于 t 次迭代，总共需要 $O(t \cdot n_1^2 \cdot n_2^2 + t \cdot n \cdot n_1 \cdot n_2)$ 次运算。根据实验数据，将一幅大小为 128×128 的低分辨率图像重建为一幅大小为 384×384 的高分辨率图像大约需要 5 分钟的时间。

4.5 本章小结

本章深入分析了稀疏表示模型在字典训练方面的研究，并针对其在处理强边缘成分图像时的不足，提出了一种新的重建策略。该策略结合全局非零梯度惩罚和非局部 Laplacian 稀疏表示，旨在改善边缘和纹理细节的重建质量。通过将高分辨率图像分解为边缘和纹理细节，并分别应用定制的模型进行优化，我们的方法能有效提高图像边缘和纹理细节的清晰度。此外，引入的全局和局部优化模型进一步增强了重建图像的质量。实验证明，本章所提出的方法在客观评价和主观评价上均优于其他几种对比方法，显著提高了图像重建的准确性。

第 5 章 基于广义非局部自相似性正则化稀疏表示的单幅图像超分辨率重建方法

基于压缩感知和稀疏表示理论,学者们提出了稀疏表示模型,这类模型有效解决了图像处理领域中图像超分辨率重建、图像分类和图像融合的科学理论问题。此外,在此理论基础上所提出的各种图像处理技术也被相继运用到各类计算机视觉任务中。随着对图像内容的深入理解和研究,学者们发现:图像空间中的冗余信息是非常丰富的,这些冗余信息分布在图像的不同尺度空间中。基于此发现,学者们提出了非局部自相似性先验理论,该理论指出:在图像空间中,相似的图像块内容经常在不同的尺度空间和位置重复着自己的模式。随后,图像的非局部自相似性先验理论被学者们引入稀疏表示模型中。学者们用稀疏表示系数非局部自相似性先验来正则化稀疏表示模型的解空间,即稀疏表示系数在整个稀疏表示空间中也重复着自己的模式。

为更好地重建高分辨率图像,许多研究者设计了不同的 l_q-范数来约束非局部自相似性正则项。部分研究者设计了固定的 l_2-范数($q=2$)约束,该类约束认为稀疏表示系数的非局部自相似性正则项的噪声分布服从高斯分布。通过大量实验进一步分析稀疏表示系数的非局部自相似性正则项的噪声分布,Dong 等人[63]和本书作者前期的工作[143]发现:稀疏表示系数的非局部自相似性正则项的噪声分布在经验上应该服从拉普拉斯分布,并因此设计了固定的 l_1-范数($q=1$)约束。通过对上述模型的分析,本书作者发现非局部自相似性正则项有一个共同特性:它们总是利用固定的 l_q-范数去重建不同内容的图像块。事实上,图像块的内容在不同的尺度具有不同的特性。因此,忽略这个事实去分析稀疏表示系数的非局部自相似性正则项的噪声分布不能够揭示它的真实分布特性。因此选择用固定的 l_q-范数去重建不同内容的图像块也是不合理的。基于这些分析,本书作者认为:在图像块的重建视角下,对不同内容的图像块,应该设计自适应的 l_q-范数去约束稀疏表示系数的非局部自相似性正则项。

本书作者前期的工作[143]提出了行非局部自相似性先验,它通过将相似的图像块以列向量的形式构建成一个矩阵,发现在矩阵的行间存在非局部自相似性先验。该工

第 5 章 基于广义非局部自相似性正则化稀疏表示的单幅图像超分辨率重建方法

作进一步发现：在稀疏表示系数空间存在着列非局部自相似性先验。在这个基础上，本书作者设计了固定的 l_1-范数(q=1)来约束稀疏表示系数的行非局部自相似性正则项和列非局部自相似性正则项。显然，引入太多的正则项将增加稀疏表示模型的复杂度，且在迭代的过程中，误差也会加速累计。为克服这个问题，本书作者提出了一种广义的非局部自相似性正则项。

在成像过程中，两类噪声(Gaussian 噪声和脉冲噪声)经常污染图像。目前，图像超分辨率重建只考虑了 Gaussian 噪声，很少考虑脉冲噪声。本书作者认为：在 Gaussian 噪声和脉冲噪声存在的情况下，从鲁棒性角度研究图像超分辨率重建是非常有理论价值和实际应用价值的。

本书作者将采用迭代的重加权最小平方算法和标准的迭代收敛解法来求解图像超分辨率重建模型。通过大量的实验得出：无论是在客观评价指标上，还是在主观视觉评价角度，本书作者所提出的图像超分辨率重建模型的结果均超越了很多现有的方法。它的主要贡献如下：

(1)现有的基于非局部自相似性的稀疏表示模型总是设计固定的 l_q-范数去重建不同内容的图像块。然而，事实上，图像块的内容在不同的尺度具有不同的特性。因此，忽略这个事实去分析稀疏表示系数的噪声分布不能够揭示它的本质分布特性，且选择固定的 l_q-范数去重建不同内容的图像块也是不合理的。因此，本章研究内容的一个贡献是：为重建不同内容的图像块，应该考虑自适应选择 l_q-范数去约束非局部自相似性正则项。

(2)两类噪声(Gaussian 噪声和脉冲噪声)经常污染图像。目前，大部分图像超分辨率重建只考虑了 Gaussian 噪声，很少考虑脉冲噪声。因此，本章研究内容的另一个贡献是：同时考虑这两类噪声对本章所提出的重建方法的鲁棒性的影响。

5.1 相关工作分析

5.1.1 基于稀疏表示的图像重建框架

稀疏表示理论认为：在给定的稀疏表示字典下，图像块能被字典所对应的稀疏表示系数加权近似。数学上，用向量 $x \in \mathbf{R}^N p$ 定义一幅图像，$x_i \in \mathbf{R}^n$ 定义图像中的第 i 个图像块。矩阵 D 定义为通过对数据集进行学习得到的稀疏表示字典。对每个图像块 x_i，必然存在一个稀疏表示系数 $s_{x,i}$，其中，该系数中的元素大部分是 0 元素。它的数学形式为

$$s_{x,i} = \arg\min_{s}\{\|x_i - Ds_i\|_p^p + \lambda_1 \|s_i\|_1\} \tag{5.1}$$

在单幅图像重建下,对低分辨率图像块 y_i,利用下面的优化公式首先求解出稀疏表示系数 $s_{y,i}$:

$$s_{y,i} = \arg\min_{s}\{\|y_i - HDs_i\|_p^p + \lambda \|s_i\|_1\} \tag{5.2}$$

一旦求解出 $s_{y,i}$,对应的高分辨率图像块 x_i 的近似值能通过公式 $\hat{x}_i = Ds_{y,i}$ 求解出来。

最后,通过公式(5.3)能求解出整幅图像:

$$x \approx \left(\sum_{i=1}^{N} P_i^T P_i\right)^{-1} \sum_{i=1}^{N} \left(P_i^T Ds_{y,i}\right) \tag{5.3}$$

其中,P_i 是从 x 中抽取图像块 x_i 的抽取操作矩阵。

5.1.2 列和行非局部自相似性先验

传统的非局部自相似性先验在处理图像超分辨率重建任务中被证明是有效的。数学上,为求解出近似的高分辨率图像块 x_i,可以通过加权平均最近似的 m 个非局部自相似性图像块来处理,即

$$x_i \approx \sum_{i=1}^{m} w_{ij} x_j \tag{5.4}$$

其中,权值 w_{ij} 用于测量 x_i 和 x_j 间的非局部自相似性程度,x_j 是第 j 个非局部自相似性图像块。由于稀疏表示系数空间共享图像块空间的非局部自相似性先验。因此,稀疏表示系数空间的非局部自相似性先验能被表示为

$$s_i \approx \sum_{i=1}^{m} w_{ij} s_j \tag{5.5}$$

当排列 m 个相似的非局部稀疏表示系数(以列向量的形式)构建稀疏表示系数矩阵 S_i 后,在该矩阵中也存在着非局部自相似性先验。任一列向量(单个稀疏表示系数)都能被其他的列向量近似加权平均,即

$$S_i \approx S_i W_i \tag{5.6}$$

其中,W_i 定义为列权值矩阵,它是由 m^2 个权值 w_{ij} 构成。

任一行向量(稀疏表示系数间)都能被其他的行向量近似加权平均,即

$$S_i \approx W_i^r S_i \tag{5.7}$$

其中,W_i^r 定义为行权值矩阵,它是由 n^2 个权值 w_{ij}^r 构成。权值 w_{ij}^r 用于测量第 i 行和第 j 行的自相似性程度,n 是矩阵 S_i 中行的数目。

5.2 自适应 l_q-范数约束的广义非局部自相似性稀疏表示模型

5.2.1 稀疏表示系数噪声的分布

稀疏表示系数的非局部自相似性正则项总是选择固定的 l_q-范数约束。例如,假设稀疏表示系数的噪声 N_{SR}($N_{SR} = S_y - S_x$,其中 S_y 是由 $s_{y,i}$ 组成的矩阵,S_x 是由 $s_{x,i}$ 组成的矩阵且对应于 $s_{y,i}$)的分布符合高斯分布,此时,设计一个固定的 l_2-范数来约束稀疏表示系数的非局部自相似性正则项。此外,一部分文献提出的 N_{SR} 符合拉普拉斯分布,且设计了 l_1-范数($q=1$)来约束稀疏表示系数的非局部自相似性正则项。由于图像块的内容在不同的尺度具有不同的特性。因此,忽略这个事实去分析稀疏表示系数的噪声 N_{SR} 的分布不能够揭示它的本质分布特性,且选择固定的 l_q-范数去重建不同内容的图像块也是不合理的。

为进一步验证稀疏表示系数的噪声 N_{SR} 的分布是与图像内容密切相关的,取"Butterfly"图像作为研究对象[见图 5.1(a)],得到相应的低分辨率图像。在图 5.1 中,图 5.1(a)为测试用的高分辨率"Butterfly"图像;图 5.1(b)为平滑区域的 $N_{SR,i}$ 的分布;图 5.1(c)~图 5.1(i)为细节区域的 $N_{SR,i}$ 的分布。对高分辨率图像块 x_i 和低分辨率图像块 y_i,采用 PCA 字典和公式(5.1)计算高分辨率图像块的稀疏表示系数 $s_{x,i}$,用公式(5.2)计算低分辨率图像块的稀疏表示系数 $s_{y,i}$。然后,对所有的 $s_{x,i}$ 和对应的 $s_{y,i}$ 执行 K-means 聚类,获得 K 个簇 $\{S_{x,i}, S_{y,i}\}_{i=1}^{K}$。最后,通过计算 $s_{y,i}$ 和 $s_{x,i}$ 的差值,获得 K 个稀疏表示系数的噪声簇 $\{N_{SR,i}\}_{i=1}^{K}$。图 5.1(b)到图 5.1(i)分别对应从 K 个稀疏表示系数的噪声簇 $\{N_{SR,i}\}_{i=1}^{K}$ 中随机选取的 8 个 $N_{SR,i}$。从上述图中可以看出:对不同内容的图像块,其 $N_{SR,i}$ 的分布是不同的。也就是说,$N_{SR,i}$ 既不完全严格服从高斯分布,也不完全严格服从拉普拉斯分布。

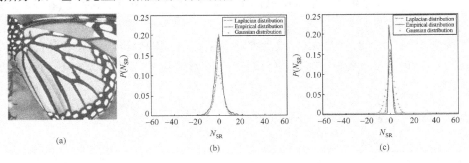

图 5.1 测试用的高分辨率"Butterfly"图像和从 $\{N_{SR,i}\}_{i=1}^{K}$ 中随机选取的 8 个 $N_{SR,i}$ 的分布

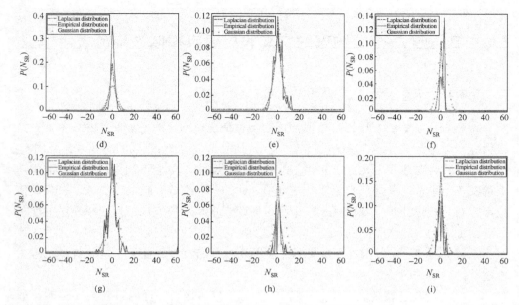

图 5.1 测试用的高分辨率"Butterfly"图像和从 $\{N_{SR,i}\}_{i=1}^{K}$ 中随机选取的 8 个 $N_{SR,i}$ 的分布(续)

5.2.2 自适应 l_q-范数约束的广义非局部自相似性正则项

经典的非局部自相似性先验和行非局部自相似性先验总是采用固定的 l_1-范数来约束模型的正则化解空间,前者考虑了非局部自相似性稀疏表示系数间的非局部关系,后者考虑了单个稀疏表示系数间的非局部关系。显然,引入太多的正则项将增加稀疏表示模型的复杂度,在迭代的过程中,误差也会加速累计。为解决这个问题,本节提出了一种广义的非局部自相似性,即

$$S_i \approx (1-\varpi)S_i W_i + \varpi W_i^{\mathrm{r}} S_i \tag{5.8}$$

其中,ϖ 定义为贡献因子,用来衡量行非局部自相似性和列非局部自相似性的贡献值,其值在区间[0, 1]上。

为使上述公式能自适应图像块内容,依据 5.1 节的分析,设置一个自适应的 l_q-范数去约束公式(5.8),进而构建自适应 l_q-范数约束的广义非局部自相似性正则项,即

$$\left\| S_i - (1-\varpi)S_i W_i - \varpi W_i^{\mathrm{r}} S_i \right\|_q^q \tag{5.9}$$

重写公式(5.3)为

第5章 基于广义非局部自相似性正则化稀疏表示的单幅图像超分辨率重建方法

$$S_{y,i} = \arg\min_{S}\{\|Y_i - HDS_i\|_p^p + \lambda\|S_i\|_1\} \quad (5.10)$$

引入公式(5.9)到公式(5.10)，构建基于自适应 l_q-范数约束的广义非局部自相似性正则项的稀疏表示模型：

$$S_{y,i} = \arg\min_{S}\{\|Y_i - HDS_i\|_p^p + \lambda_1\|S_i\|_1 + \lambda_2\|S_i - (1-\varpi)S_iW_i - \varpi W_i^{\mathrm{r}}S_i\|_q^q\} \quad (5.11)$$

公式(5.11)右边的第1项是数据似然项，第2项是稀疏正则项，第3项是广义的非局部自相似性项。公式(5.11)有两方面的优点：一方面，本研究将考虑混合的Gaussian噪声和脉冲噪声。数据似然项的范数 p 与噪声分布是有关系的[144]。一般来说，$p = 1$ 意味着噪声分布符合拉普拉斯分布，$p = 2$ 意味着噪声分布符合高斯分布。在实际中，噪声分布经常是这两种噪声加权的结果。因此，在混合噪声的影响下探讨范数 p 在区间[1, 2]上的取值是非常有必要的。当公式(5.11)仅仅考虑Gaussian噪声时($p = 2$)，其中的数据似然项同本书作者前期工作[143]提出的模型是一样的。另一方面，考虑到具有不同内容的图像块的 N_{SR} 的分布具有完全不同的特性，因此，研究具有不同内容的图像块的广义非局部自相似性正则项的范数 q 在区间[1, 2]上的取值是十分必要的。

考虑到自适应字典学习策略具有较好的学习局部结构的能力。因此，在公式(5.11)中，本节选择经典的ASDS方法来训练具有局部结构的PCA字典。

5.3 模型的优化求解

由于 l_p-范数和 l_q-范数能在区间[1, 2]上取任意的值，考虑到公式(5.11)具有凹性和非Lipschitzian特性，本研究把公式(5.11)看成是非凸优化问题，并采用迭代的重加权最小平方算法和标准的迭代收敛解法来解决此问题。首先，在每次迭代中用加权的 l_2-范数去置换 l_p-范数和 l_q-范数。然后，用标准的迭代收敛解法去求解 l_1-范数。对于给定的低分辨率图像块 y_i，公式(5.11)能被简化为

$$f(s_i) = \|y_i - HDs_i\|_p^p + \lambda_1\|s_i\|_1 + \lambda_2\|s_i - (1-\varpi)\sum_{i=1}^{m}w_{ij}s_j - \varpi W_i^{\mathrm{r}}s_i\|_q^q \quad (5.12)$$

在每 t 次迭代中，s_i^t 能通过下面的公式求取，即

$$f(s_i^t) = \|y_i - HDs_i^t\|_p^p + \lambda_1\|s_i^t\|_1 + \lambda_2\|s_i^t - (1-\varpi)\sum_{i=1}^{m}w_{ij}s_i^{t-1} - \varpi W_i^{\mathrm{r}}s_i^{t-1}\|_q^q \quad (5.13)$$

为方便，设置 $A = HD$ 和 $\beta^{t-1} = (1-\varpi)\sum_{i=1}^{m}w_{ij}s_i^{t-1} + \varpi W_i^{\mathrm{r}}s_i^{t-1}$。在第 $t-1$ 次迭代

中，w_{ij}，W_i^r，s_j^{t-1} 和 s_i^{t-1} 被构造。下一步，得到

$$f(s_i^t) = \left\|y_i - As_i^t\right\|_p^p + \lambda_1 \left\|s_i^t\right\|_1 + \lambda_2 \left\|s_i^t - \beta^{t-1}\right\|_q^q \tag{5.14}$$

和

$$f(s_i^t) = \left\|R_t(y_i - As_i^t)\right\|_2^2 + \lambda_1 \left\|s_i^t\right\|_1 + \lambda_2 \left\|T_t(s_i^t - \beta^{t-1})\right\|_2^2 \tag{5.15}$$

其中，权值矩阵 $R_t = \mathrm{diag}(\tau_1(y_i - As_i^t))$，$\tau_1(g) = \begin{cases} |g|^{\frac{p}{2}-1}, & |g| > \varepsilon \\ \varepsilon^{\frac{p}{2}-1}, & |g| \leqslant \varepsilon \end{cases}$，权值矩阵 $T_t = \mathrm{diag}(\tau_2(s_i^t - \beta^{t-1}))$，$\tau_2(g) = \begin{cases} |g|^{\frac{q}{2}-1}, & |g| > \varepsilon \\ \varepsilon^{\frac{q}{2}-1}, & |g| \leqslant \varepsilon \end{cases}$，$\varepsilon = 10^{-5}$。由于公式 (5.15) 是 l_1-范数约束目标函数，因此接下来用标准的迭代收敛解法去求解 l_1-范数：

$$f(z_i^t) = \left\|R_t y_i' - A' z_i^t\right\|_2^2 + \lambda_1 \left\|z_i^t + \beta^{t-1}\right\|_1 + \lambda_2 \left\|T_t z_i^t\right\|_2^2 \tag{5.16}$$

其中，$y_i' = y_i - A\beta^{t-1}$，$z_i^t = s_i^t - \beta^{t-1}$，$A' = R_t A$。然后，引入辅助函数 $\phi(z_i, a) = C\left\|z_i - a\right\|_2^2 - \left\|A' z_i - A' a\right\|_2^2$，$C$ 是常量，a 是辅助变量。为确保 $\phi(z_i, a)$ 是凸函数，设置 C 的值以保证 $\left\|A'^T A'\right\|_2^2 < C$。接着添加 $\phi(z_i, a)$ 进入公式 (5.16)，获得公式：

$$\begin{aligned}f(z_i^t) &= \left\|R_t y_i' - A' z_i^t\right\|_2^2 + \lambda_1 \left\|z_i^t + \beta^{t-1}\right\|_1 + \lambda_2 \left\|T_t z_i^t\right\|_2^2 + C\left\|z_i^t - a\right\|_2^2 - \left\|A' z_i^t - A' a\right\|_2^2 \\ &= -2 <R_t y_i', A' z_i^t> + 2 <A' z_i^t, A' a> + \lambda_1 \left\|z_i^t + \beta^{t-1}\right\|_1 + \lambda_2 \left\|T_t z_i^t\right\|_2^2 + \\ &\quad C\left\|z_i^t\right\|_2^2 - 2C <z_i^t, a> \\ &= -2 <z_i^t, A'^T R_t y_i' - A'^T A' a + Ca> + \lambda_1 \left\|z_i^t + \beta^{t-1}\right\|_1 + \lambda_2 \left\|T_t z_i^t\right\|_2^2 + C\left\|z_i^t\right\|_2^2\end{aligned} \tag{5.17}$$

在公式 (5.17) 中，让 $v^t = A'^T R_t y_i' - A'^T A' a + Ca$，并去除常量，公式 (5.17) 能被写为

$$f(z_i^t) = \left\|z_i^t - v^t\right\|_2^2 + (C-1)\left\|z_i^t\right\|_2^2 + \lambda_1 \left\|z_i^t + \beta^{t-1}\right\|_1 + \lambda_2 \left\|T_t z_i^t\right\|_2^2 \tag{5.18}$$

取 z_i^t 的偏导，有

$$(C + \lambda_2 T_t) z_i^t = v^t - \frac{\lambda_1}{2} \mathrm{sign}(z_i^t + \beta^{t-1}) \tag{5.19}$$

在第 $t-1$ 次迭代中，因为 $z_i^t = s_i^t - \beta^{t-1}$，公式 (5.12) 的解能通过下式解出：

第 5 章 基于广义非局部自相似性正则化稀疏表示的单幅图像超分辨率重建方法

$$s_i^{t+1} = \begin{cases} \dfrac{v^t}{(C+\lambda_2 T_t)} - \dfrac{\lambda_1}{2(C+\lambda_2 T_t)} + \beta^{t-1}, & s_i^t > 0 \\ \dfrac{v^t}{(C+\lambda_2 T_t)} + \dfrac{\lambda_1}{2(C+\lambda_2 T_t)} + \beta^{t-1}, & s_i^t \leqslant 0 \end{cases} \quad (5.20)$$

文献迭代的重加权最小平方算法和标准的迭代收敛解法保证了公式(5.20)的收敛性。

5.3.1 l_p-范数问题

在图像超分辨率重建领域，两类噪声(Gaussian 噪声和脉冲噪声)经常污染图像。目前，关于图像超分辨率重建的文献只考虑了 Gaussian 噪声，没有考虑脉冲噪声。Gaussian 噪声服从高斯分布，脉冲噪声服从拉普拉斯分布。本节认为噪声 v 的分布是两类噪声的加权，其权值可设置为 γ。Song 等人[144]提出：权值 γ 与 l_p-范数有一定的关系。因此，探索 γ 和 p 的关系是重要的环节。首先，利用广义的似然率技术[145]去求解权值 γ，即

$$\frac{P_G(v;\hat{\mu}_G,\hat{\sigma}_G)}{P_L(v;\hat{\mu}_L,\hat{\sigma}_L)} > 1 \quad (5.21)$$

其中，定义 $P_G(v) = \dfrac{1}{(2\pi\sigma_G^2)^{V/2}} \exp\left(-\sum_{i=1}^{V}(v_i-\mu_G)^2 \big/ 2\sigma_G^2\right)$ 是高斯分布，$P_L(v) = \dfrac{1}{(2\sigma_L)^V} \exp\left(-\sum_{i=1}^{V}|v_i-\mu_L| \big/ \sigma_L\right)$ 是拉普拉斯分布。参数 μ_G，σ_G，μ_L 和 σ_L 的最大似然项估计表示为 $\hat{\mu}_G$、$\hat{\sigma}_G$、$\hat{\mu}_L$、$\hat{\sigma}_L$：

$$\begin{cases} \hat{\mu}_G = \text{mean}(v), & \hat{\sigma}_G = \sqrt{\sum_{i=1}^{V}(v_i-\mu_G)^2 \big/ V} \\ \hat{\mu}_L = \text{median}(v), & \hat{\sigma}_L = \sum_{i=1}^{V}|v_i-\mu_G| \big/ V \end{cases} \quad (5.22)$$

通过融合公式(5.21)和公式(5.22)，可以求得权值 $\gamma = \hat{\sigma}_L / \hat{\sigma}_G$。

选取 10 幅不同的高分辨率图像作为测试图像(见图 5.2)来分析 γ 和 p 的关系。从左到右、从上到下依次为"Butterfly""Bikes""Boats""Flowers""Hat""Leaves""Parrot""Lena""Peppers""Girl"。

图 5.2 10 幅测试图像

图 5.2　10 幅测试图像(续)

对每幅测试图像,详细的设计过程如下:① 获取无噪声的低分辨率图像,执行下采样为 3 倍的操作;② 获取噪声图像,设计 10 组不同比例的混合 Gaussian 噪声和脉冲噪声(见表 5.1),然后将这些噪声添加到步骤①获取的无噪声的低分辨率图像中;③ 在每组混合噪声中,计算对应的权值 γ;④ 对每幅含噪声的低分辨率图像,利用公式(5.11)计算并调整 p 的值从 1 到 2(步长为 0.2),重建出 6 个对应的高分辨率图像;⑤ 计算这 6 幅图像的 PSNR 和 SSIM,找到每个权值 γ 对应的最优 p 值。

表 5.1　10 组不同比例的混合 Gaussian 噪声和脉冲噪声

	1	2	3	4	5	6	7	8	9	10
高斯标准差	0	2	4	5	6	7	8	9	10	10
脉冲密度	0.01	0.01	0.005	0.005	0.0025	0.0025	0.0005	0.0005	0.0005	0

每幅测试图像均产生了 10 对 γ 和 p 的值(见表 5.2)。通过观察,可以得到:几乎所有的 p 值均集中在 $p = 1.6$ 处。具体来说,表 5.3 展示了从表 5.2 中随机选取 $\gamma = 0.56$ 时,不同的 p 值下重建图像的 PSNR(dB)值和 SSIM 值。通过观察,可以得到:在固定的权值 γ 下,不同的 p 值具有相似的 PSNR 和 SSIM。一个合理的原因是:相比数据似然项 l_p-范数,本节提出的自适应非局部自相似性 l_q-范数正则项继承了传统非局部自相似性正则项的强去噪能力。此时,γ 和 p 的关系变得微弱,使几乎所有的 p 值对 10 个不同的权值 γ 有相似的值。

表 5.2　每幅测试图像均产生了 10 对 γ 和 p 的值

测试图像	指标	γ									
		0.13	0.24	0.38	0.42	0.56	0.61	0.74	0.77	0.78	0.79
Butterfly	p	1.6	1.6	1.6	1.6	1.6	1.6	1.6	1.8	1.8	1.8
Bikes	p	1.4	1.4	1.6	1.6	1.6	1.6	1.6	1.8	1.8	1.8
Boats	p	1	1.6	1.6	1.6	1.6	1.6	1.6	1.6	1.6	2
Flowers	p	1.2	1.6	1.6	1.6	1.6	1.6	1.6	1.6	1.6	1.8
Hat	p	1.6	1.6	1.6	1.6	1.6	1.6	1.6	1.6	1.6	2
Leaves	p	1	1.4	1.6	1.6	1.6	1.6	1.6	1.6	1.6	2

续表

测试图像	指标	γ									
		0.13	0.24	0.38	0.42	0.56	0.61	0.74	0.77	0.78	0.79
Parrot	p	1.6	1.6	1.6	1.6	1.6	1.6	1.6	1.6	1.8	1.8
Lena	p	1.4	1.6	1.6	1.6	1.6	1.6	1.6	1.6	1.6	1.8
Peppers	p	1.6	1.6	1.6	1.6	1.6	1.6	1.6	1.6	1.6	2
Girl	p	1.6	1.6	1.6	1.6	1.6	1.6	1.6	1.6	1.8	1.8
平均值	p	1.4	1.6	1.6	1.6	1.6	1.6	1.6	1.6	1.7	1.9

表 5.3 随机选取 $\gamma=0.56$ 时，不同的 p 值下重建图像的 PSNR(dB) 值和 SSIM 值

测试图像	指标	p					
		1	1.2	1.4	1.6	1.8	2
Butterfly	PSNR	24.81	24.82	24.82	24.83	24.82	24.81
	SSIM	0.846	0.847	0.847	0.849	0.847	0.846
Bikes	PSNR	22.72	22.71	22.73	22.74	22.74	22.71
	SSIM	0.673	0.672	0.673	0.673	0.673	0.672
Boats	PSNR	23.81	23.83	23.85	23.85	23.84	23.83
	SSIM	0.711	0.712	0.713	0.713	0.713	0.712
Flowers	PSNR	26.68	26.68	26.70	26.70	26.68	26.68
	SSIM	0.735	0.735	0.737	0.737	0.735	0.735
Hat	PSNR	29.29	29.28	29.30	29.30	29.30	29.27
	SSIM	0.799	0.799	0.799	0.799	0.799	0.798
Leaves	PSNR	23.80	23.82	23.81	23.83	23.82	23.80
	SSIM	0.826	0.827	0.826	0.828	0.827	0.826
Parrot	PSNR	27.26	27.27	27.29	27.29	27.29	27.26
	SSIM	0.842	0.842	0.844	0.844	0.844	0.842
Lena	PSNR	29.60	29.63	29.64	29.64	29.64	29.63
	SSIM	0.800	0.802	0.803	0.803	0.803	0.802
Peppers	PSNR	27.25	27.25	27.27	27.28	27.27	27.27
	SSIM	0.813	0.813	0.814	0.815	0.814	0.814
Girl	PSNR	31.20	31.20	31.23	31.25	31.23	31.20
	SSIM	0.737	0.737	0.738	0.739	0.738	0.737
平均值	PSNR	26.64	26.65	26.67	26.67	26.67	26.65
	SSIM	0.778	0.778	0.780	0.780	0.780	0.778

5.3.2 l_q-范数问题

为使自适应非局部自相似性正则项能有效地自适应图像块内容，首先利用文献[146]提出的 AIRLS 方法自适应调整 q 的值。为使 q 收敛，设置 $\text{RMSE}_t = \left\| \boldsymbol{s}_i^t - \boldsymbol{s}_i^{t-1} \right\|_2^2$ 和相对误差 $r\text{RMSE}_t = \left\| \boldsymbol{s}_i^t - \boldsymbol{s}_i^{t-1} \right\|_2^2 / \left\| \boldsymbol{s}_i^t \right\|_2^2$，其梯度项近似为

$$\nabla r\text{RMSE}_t = r\text{RMSE}_t - r\text{RMSE}_{t-1} \tag{5.23}$$

然后，利用公式(5.24)来迭代更新 q 值：

$$q_{t+1} = q_t + \alpha \frac{\nabla r\text{RMSE}_t}{r\text{RMSE}_t} \tag{5.24}$$

在实验中，总是设置正的常量参数 $\alpha = 1$ 来调整梯度项的有效性。

在 t 次迭代中，通过自适应调节 q 的值，直到最后的迭代，能获取最优的 s_i^{t+1}。算法 1 描述了上述过程的求解步骤。

算法 1：用 AIRLS 方法自适应调整 l_q-范数

输入：图像块 y_i，退化矩阵 H，字典 D，范数 $p=1.6$，$\zeta=1$，贡献权值 ϖ，正则化参数 λ_1 和 λ_2，初始值 $q_0 = 1$，初始解 s_i^0。

输出：最优的解 s_i^{t+1}。For $t=0$ to J do s

步骤 1：利用公式(5.15)更新 T_t 和 β^{t-1}，利用公式(5.20)解 s_i^{t+1}；

步骤 2：若 $\dfrac{\left\|s_i^{t+1} - s_i^t\right\|_2^2}{\left\|s_i^t\right\|_2^2} < \sqrt{\zeta}/100$，则更新 $\zeta_{t+1} = \zeta_t/10$，$q_{t+1} = q_t + \alpha \dfrac{\nabla r\text{RMSE}_{t+1}}{r\text{RMSE}_{t+1}}$；否则，回到步骤 1；

步骤 3：若 $\zeta_{K+1} < 10^{-5}$，则停止，求得 $q^* = q_{k+1}$，输出 s_i^{t+1}；否则回到步骤 1；

结束

5.4 基于自适应 l_q-范数约束的广义非局部自相似性稀疏表示模型的重建算法

算法 2 描述了整个图像超分辨率重建过程。在算法 2 中，参数 L, J 和 K 定义为迭代的最大次数。为加速计算过程，当 $\text{mod}(t, 20) = 0$ 时更新权值矩阵 W_i 和 W_i^r。

算法 2：将本节提出的模型用于图像超分辨率重建中

输入：低分辨率图像 y，退化矩阵 H，参数 λ_1，λ_2 和 ϖ。

输出：近似高分辨率图像 x。

步骤 1：用双线性插值上采样 y 获得初始高分辨率图像 $\hat{x}$；

步骤 2：外部循环（字典学习和重建），$i=1,\cdots,L$；

步骤 2.1：用 ASDS 方法更新每个簇所对应的字典；

步骤 2.2：内部迭代 $t=1,\cdots,J$；(a)：计算 $\hat{x}^{(t+1/2)} = \hat{x}^{(t)} + \delta H^T(y - H\hat{x}^{(t)})$，其中 δ 是常量；

(b)：将 $\hat{x}^{(t+1/2)}$ 分为小的图像块，利用 K-means 聚类它们形成 K 个簇，其中 $\hat{x}_k^{(t+1/2)}$ 是第 k 个簇；

(c)：内部循环（基于簇的图像超分辨率重建）：$k=1,\cdots,K$；

第 5 章 基于广义非局部自相似性正则化稀疏表示的单幅图像超分辨率重建方法

(I)：对每个簇 $\hat{x}_k^{(t+1/2)}$，自适应选取对应的稀疏表示字典 D，然后利用算法 1 计算出 $\hat{S}_k^{(t+1)}$；

(II)：通过公式 $X_k^{(t+1)} = D\hat{S}_k^{(t+1)}$ 求得高分辨率图像块；

(d)：通过公式(5.3)，融合 K 个迭代出的高分辨率图像块求取近似高分辨率图像 $\hat{x}^{(t+1)}$；

步骤 3：输出近似高分辨率图像 x。

整个图像超分辨率重建的过程图如图 5.3 所示。

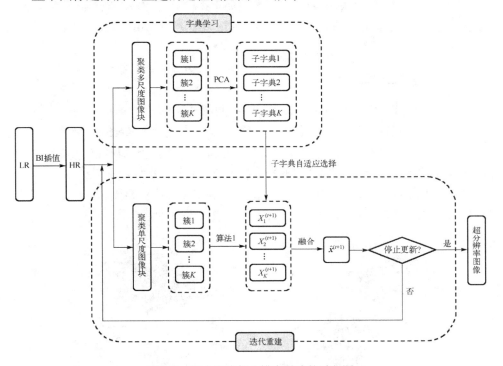

图 5.3　整个图像超分辨率重建的过程图

5.5　实验结果与讨论

为验证本章所提出的方法的有效性，本章选取了 10 幅不同的高分辨率图像作为测试图像，选取了 6 个有代表性的方法用于与本章所提出的方法进行比较。这 6 个方法分别为 NCSR 方法[63]、Peleg 等人[147]提出的方法、DSRSR 方法[143]、基于深度学习的 CSCN 方法[148]、Cao 等人[138]提出的方法、LANR-NLM 方法[149]。对于 RGB 彩色图像，首先需要将它转变到 YCbCr 空间，然后用本章所提出的方法重建 Y 通道，且利用双线性插值方法重建其他两个通道。最后，采用 PSNR 和 SSIM 这两个客观评价指标评估对比实验的结果。

5.5.1 参数设置

在实验中，为获取尺寸为 85×85 的无噪声的低分辨率图像，对尺寸为 255×255 的高分辨率图像采取标准差为 1.6 的 7×7 的 Gaussian 模糊核和 3 倍下采样操作。为获取尺寸为 85×85 的含噪声的低分辨率图像，将不同类型的混合噪声添加到上述无噪声的低分辨率图像中。实验中所需要的参数如下：非局部邻域的数目 $m=12$，范数 p 设置为 1.6。参数 L 和 J 分别设置为 4 和 160。相比这些参数，λ_1、λ_2、ϖ、图像块尺寸、K 的值是至关重要的。

5.5.2 关键参数研究

为评估关键参数的敏感性，选取表 5.1 中的第 5 个混合噪声组合(Mixed-3)添加进无噪声的低分辨率图像中，构造噪声图像。取高分辨率"Butterfly"测试图像作为样例来调研参数 λ_1、λ_2 的敏感性。在 0.1 到 1 之间，用步长为 0.1 的方式调整它们的值来分析重建图像的 PSNR 和 SSIM 的客观值变化情况。参数 λ_1、λ_2 变化时，PSNR 和 SSIM 的变化规律如图 5.4 所示（见彩图）。从图 5.4 中能观察到，当 λ_1 在区间[0.5, 0.6]上，λ_2 在区间[0.7, 0.8]上时，其 PSNR 和 SSIM 几乎均达到最大值。

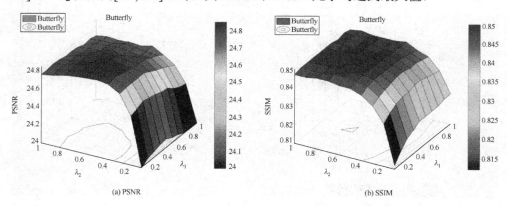

图 5.4　参数 λ_1、λ_2 变化时，PSNR 和 SSIM 的变化规律

图 5.5 给出了参数 λ_1、λ_2 变化时候，重建图像的局部视觉变化比较结果。

在图 5.5 中，图 5.5(a)为原始图像，图 5.5(b)为 $\lambda_1=0.1$ 和 $\lambda_2=0.1$ 的结果[PSNR (dB): 24.05, SSIM: 0.812]，图 5.5(c)为 $\lambda_1=0.55$ 和 $\lambda_2=0.75$ 的结果[PSNR (dB): 24.83, SSIM: 0.849]，图 5.5(d)为 $\lambda_1=0.7$ 和 $\lambda_2=0.7$ 的结果[PSNR (dB): 24.79, SSIM: 0.849]。

通过测试表 5.1 中其余的混合噪声组合，同样也能得出相同的结果。对所有的噪声实验，通过计算这两个参数的平均值，将它们设置为 $\lambda_1=0.55$ 和 $\lambda_2=0.75$。

由于贡献权值 ϖ 整合了传统的非局部自相似性先验和行非局部自相似性先验。因此,研究贡献权值 ϖ 是如何在这两个先验间起何种调控作用是至关重要的。取高分辨率"Butterfly"测试图像作为样例,改变贡献权值 ϖ 从 0.1 到 1(步长为 0.2)来分析重建图像的 PSNR 和 SSIM 变化规律。图 5.6 给出了改变贡献权值 ϖ 时的 PSNR 和 SSIM 变化规律。从图 5.6 中能观察到,当 $\varpi=0.3$ 时,其 PSNR 和 SSIM 几乎均达到最大值。因此,对所有的实验均设置 $\varpi=0.3$。对这个参数的设置表明,相比行非局部自相似性先验,传统的非局部自相似性先验仍是重要的组成成分。

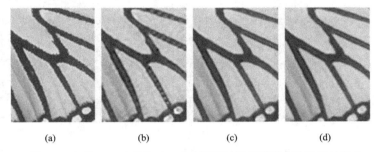

图 5.5 参数 λ_1、λ_2 变化时,重建图像的局部视觉变化比较结果

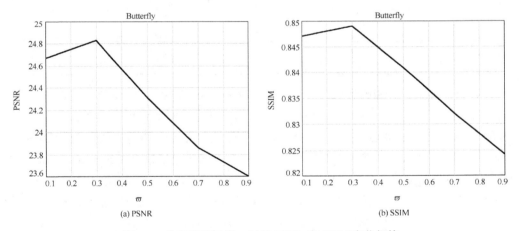

图 5.6 改变贡献权值 ϖ 时的 PSNR 和 SSIM 变化规律

在基于图像块的图像超分辨率重建技术中,图像块尺寸也会影响图像重建方法的性能。在本章所提出的方法中,分别设置图像块尺寸为 3×3、5×5、7×7、9×9 来分析不同的图像块尺寸对本章所提出的方法重建图像性能的影响。表 5.4 展示了不同图像块尺寸下重建图像的 PSNR(dB)值和 SSIM 值。每幅图像有两行值:第一行是 PSNR(dB)值,第二行是 SSIM 值。

表 5.4 不同图像块尺寸下重建图像的 PSNR(dB) 值和 SSIM 值

测试图像	3×3	5×5	7×7	9×9
Butterfly	24.42 0.832	24.83 0.849	24.68 0.846	24.30 0.835
Bikes	22.49 0.659	22.74 0.673	22.60 0.663	22.48 0.655
Boats	23.68 0.696	23.85 0.713	23.75 0.707	23.69 0.703
Flowers	26.50 0.725	26.70 0.737	26.54 0.732	26.46 0.729
Hat	29.14 0.789	29.30 0.799	29.08 0.798	28.96 0.798
Leaves	23.61 0.820	23.83 0.828	23.79 0.827	23.52 0.815
Parrot	27.15 0.829	27.29 0.844	27.18 0.843	27.15 0.843
Lena	29.39 0.789	29.64 0.803	29.57 0.802	29.49 0.801
Peppers	27.10 0.801	27.28 0.815	27.20 0.814	27.08 0.811
Girl	30.99 0.729	31.25 0.739	31.22 0.738	31.19 0.737
平均值	26.45 0.767	26.67 0.780	26.56 0.777	26.43 0.773

图 5.7 展示了不同图像块尺寸下重建的高分辨率 "Butterfly" 图像的视觉变化比较结果。在图 5.7 中，图 5.7(a)为原始图像；图 5.7(b)为图像块尺寸 3×3 的重建结果[PSNR (dB)：24.42，SSIM：0.832]；图 5.7(c)为图像块尺寸 5×5 的重建结果[PSNR(dB)：24.83，SSIM：0.849]；图 5.7(d)为图像块尺寸 7×7 的重建结果[PSNR (dB)：24.68，SSIM：0.846]。从图 5.7 中可以观察到：小尺寸的图像块趋于产生精细的高频细节，但是不能去除噪声。大尺寸的图像块不能重建出精细的高频细节。通过大量的实验得出：本章所提出的方法中的图像块尺寸应设置为 5×5。

此外，簇的数目 K 也是一个重要的参数。选取 10 幅图像作为测试图像，变化参数 K 的值从 10 到 80（步长为 10）分析重建图像的 PSNR（dB）值和 CPU 处理消耗时间 Time（s）。表 5.5 显示了不同 K 值下重建图像的 PSNR（dB）值和 CPU 处理消耗时间 Time（s）。每幅图像有两行值：第一行是 PSNR（dB）值，第二行是 CPU 处理消耗时间 Time（s）。

通过观察表 5.5 能够得到：较小的参数 K 用较少的时间产生较高的 PSNR，较

大的参数 K 用较多的时间产生较低的 PSNR。当参数 K 大于 40 时，PSNR 趋于平稳。因此，实验中应设置 $K=40$。

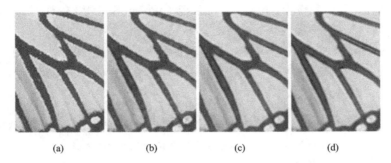

图 5.7　不同图像块尺寸下重建的高分辨率"Butterfly"图像的视觉变化比较结果

表 5.5　不同 K 值下重建图像的 PSNR(dB) 值和 CPU 处理消耗时间 Time(s)

测试图像	指标	K							
		10	20	30	40	50	60	70	80
Butterfly	PSNR	24.74	24.75	24.80	24.83	24.83	24.82	24.82	24.78
	Time	65	69	70	79	97	98	103	108
Bikes	PSNR	22.65	22.67	22.70	22.74	22.74	22.74	22.72	22.72
	Time	67	69	72	79	90	98	100	105
Boats	PSNR	23.80	23.81	23.84	23.85	23.83	23.84	23.85	23.81
	Time	66	70	74	80	95	102	108	112
Flowers	PSNR	26.65	26.68	26.69	26.70	26.72	26.71	26.71	26.71
	Time	67	69	72	77	92	98	100	110
Hat	PSNR	29.01	29.10	29.15	29.30	29.29	29.28	29.28	29.28
	Time	60	65	70	74	90	97	105	115
Leaves	PSNR	23.75	23.77	23.80	23.83	23.82	23.82	23.81	23.81
	Time	66	70	74	80	96	102	111	119
Parrot	PSNR	27.05	27.10	27.18	27.29	27.25	27.26	27.26	27.26
	Time	64	68	72	79	94	100	105	112
Lena	PSNR	29.55	29.60	29.64	29.64	29.64	29.64	29.64	29.64
	Time	65	69	72	77	97	103	110	116
Peppers	PSNR	27.12	27.18	27.24	27.28	27.26	27.26	27.28	27.28
	Time	64	69	72	76	95	103	115	120
Girl	PSNR	31.00	31.05	31.20	31.25	31.24	31.23	31.23	31.23
	Time	62	67	71	75	94	100	107	119
平均值	PSNR	26.53	26.57	26.62	26.67	26.66	26.66	26.66	26.65
	Time	65	68	72	77	94	100	106	114

5.5.3　自适应 l_q 范数约束的广义非局部自相似性正则项的有效性

相比固定的 l_q-范数约束的广义非局部自相似性正则项，采用自适应 l_q-范数约束的广义非局部自相似性正则项是本章所提出的方法的一个重要特征。为展示自适应 l_q-范数约束的广义非局部自相似性正则项的效果，首先构建固定 l_q-范数约束的广义非局部自相似性正则项的两个变体：一个是固定 l_1-范数约束的广义非局部自相似性正则项；另一个是固定 l_2-范数约束的广义非局部自相似性正则项。

在不同的混合噪声组合下，应用自适应 l_q-范数约束的广义非局部自相似性正则项和两个变体到测试图像中，所得到的 PSNR（dB）值和 SSIM 值如表 5.6 所示。每幅图像有两行值：第一行是 PSNR（dB）值，第二行是 SSIM 值。

从表 5.6 中可以看出：自适应 l_q-范数约束的广义非局部自相似性正则项几乎在所有的测试上都有较好的表现。实验也进一步验证了自适应 l_q-范数约束的广义非局部自相似性正则项的效果。

表 5.6 在不同的混合噪声组合下，应用自适应 l_q-范数约束的广义非局部自相似性正则项和两个变体到测试图像中，所得到的 PSNR(dB)值和 SSIM 值

噪声组合	l_q-范数	指标	Butterfly	Bikes	Boats	Flowers	Hat	Leaves	平均值
Mixed-1	l_1-范数	PSNR	23.12	22.30	23.32	26.71	29.67	22.58	24.62
		SSIM	0.843	0.698	0.745	0.777	0.840	0.815	0.786
	l_2-范数	PSNR	23.54	22.69	23.65	26.97	29.99	23.02	24.98
		SSIM	0.850	0.710	0.748	0.780	0.840	0.836	0.794
	自适应l_q-范数	PSNR	23.64	22.74	23.83	27.09	30.01	23.08	25.07
		SSIM	0.852	0.711	0.750	0.781	0.841	0.838	0.800
Mixed-2	l_1-范数	PSNR	24.27	22.79	23.84	26.84	29.48	23.65	25.15
		SSIM	0.852	0.681	0.721	0.750	0.815	0.837	0.776
	l_2-范数	PSNR	24.89	22.67	23.76	26.73	29.39	24.00	25.24
		SSIM	0.856	0.674	0.716	0.745	0.813	0.837	0.774
	自适应l_q-范数	PSNR	24.94	22.83	23.94	26.97	29.69	24.06	25.41
		SSIM	0.858	0.692	0.732	0.759	0.819	0.840	0.783
Mixed-3	l_1-范数	PSNR	23.99	22.64	23.80	26.60	29.22	23.38	24.94
		SSIM	0.835	0.674	0.707	0.732	0.798	0.820	0.761
	l_2-范数	PSNR	24.78	22.58	23.68	26.53	29.15	23.78	25.08
		SSIM	0.847	0.661	0.703	0.729	0.797	0.827	0.761
	自适应l_q-范数	PSNR	24.83	22.74	23.85	26.70	29.30	23.83	25.21
		SSIM	0.849	0.673	0.713	0.737	0.799	0.828	0.767
Mixed-4	l_1-范数	PSNR	23.29	22.15	23.27	25.77	28.17	22.70	24.22
		SSIM	0.775	0.622	0.650	0.669	0.721	0.770	0.701
	l_2-范数	PSNR	24.32	22.24	23.32	25.97	28.44	23.25	24.59
		SSIM	0.816	0.629	0.663	0.687	0.749	0.798	0.723
	自适应l_q-范数	PSNR	24.38	22.32	23.39	26.01	28.45	23.33	24.65
		SSIM	0.819	0.633	0.664	0.688	0.750	0.805	0.727

由于具有相似内容的图像块具有相似的 q 值，因此对 q 值的选取取决于图像块的内容。首先选取高分辨率"Butterfly"测试图像作为样例，将表 5.1 中的第 5 个混合噪声组合（Mixed-3）添加进无噪声的低分辨率图像中，构造噪声图像。从 $K=40$ 个簇中随机选取 6 个簇作为分析对象（仅选取 Y 通道）及它们对应的 q 值如图 5.8 所示。从图 5.8 中的实验结果可以看出：簇中的图像块均有同样的 q 值，而不同的簇有不同的 q 值。

第 5 章 基于广义非局部自相似性正则化稀疏表示的单幅图像超分辨率重建方法

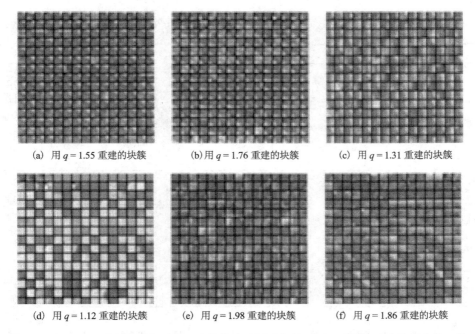

图 5.8 从 $K=40$ 个簇中随机选取 6 个簇作为分析对象(仅选取 Y 通道)及它们对应的 q 值

5.5.4 噪声图像实验

本节分析本章所提出的图像超分辨率重建方法的鲁棒性,将表 5.1 中的第 5 个混合噪声组合(Mixed-3)添加进 10 幅无噪声的低分辨率图像中,同时选取 6 个有代表性的方法与本章所提出的方法进行比较。这 6 个方法分别为 NCSR 方法[63]、Peleg 等人[147]提出的方法、DSRSR 方法[143]、基于深度学习的 CSCN 方法[148]、Cao 等人[138]提出的方法、LANR-NLM 方法[149]。

在 Mixed-3 混合噪声组合下,不同方法重建 10 幅图像的 PSNR(dB) 值和 SSIM 值如表 5.7 所示。每幅图像有两行值:第一行是 PSNR(dB) 值,第二行是 SSIM 值。

从表 5.7 中可以看出:本章所提出的方法在所有的对比方法中得到了较高的 PSNR 和 SSIM。在 "Butterfly" 测试图像中,相比 NCSR 方法,本章所提出的方法超过了它 0.71dB。从平均值的统计结果来看:相比 NCSR 方法,本章所提出的方法有 0.12 dB /0.004 的一个提高。

表 5.7 在 Mixed-3 混合噪声组合下，不同方法重建 10 幅图像的 PSNR(dB)值和 SSIM 值

测试图像	指标	对比方法						
		NCSR	Peleg 等人提出的方法	DSRSR	基于深度学习的 CSCN	Cao 等人提出的方法	LANR-NLM	本章所提出的方法
Butterfly	PSNR	24.12	19.58	24.15	19.20	22.70	22.04	24.83
	SSIM	0.850	0.635	0.852	0.654	0.771	0.680	0.849
Bikes	PSNR	22.66	19.83	22.67	19.29	21.69	21.57	22.74
	SSIM	0.666	0.516	0.669	0.506	0.611	0.583	0.673
Boats	PSNR	23.81	20.61	23.62	19.81	22.58	22.51	23.85
	SSIM	0.710	0.529	0.705	0.529	0.605	0.569	0.713
Flowers	PSNR	26.68	23.34	26.60	22.72	25.30	24.85	26.70
	SSIM	0.730	0.568	0.733	0.585	0.663	0.602	0.737
Hat	PSNR	29.24	26.11	28.94	25.55	27.83	27.18	29.30
	SSIM	0.800	0.654	0.764	0.663	0.707	0.617	0.799
Leaves	PSNR	23.69	18.55	23.58	17.33	22.10	21.59	23.83
	SSIM	0.826	0.575	0.839	0.606	0.758	0.694	0.828
Parrot	PSNR	27.25	24.37	27.15	23.44	26.13	25.39	27.29
	SSIM	0.847	0.682	0.837	0.717	0.754	0.646	0.844
Lena	PSNR	29.60	25.10	29.49	24.50	28.49	27.10	29.64
	SSIM	0.789	0.614	0.795	0.642	0.754	0.624	0.803
Peppers	PSNR	27.25	22.61	27.11	22.05	25.87	25.22	27.28
	SSIM	0.810	0.608	0.806	0.624	0.759	0.634	0.815
Girl	PSNR	31.17	27.59	30.96	26.51	30.27	28.34	31.25
	SSIM	0.730	0.598	0.727	0.565	0.703	0.589	0.739
平均值	PSNR	26.55	22.77	26.43	22.04	25.30	24.58	26.67
	SSIM	0.776	0.600	0.772	0.609	0.708	0.624	0.780

从视觉效果来分析，图 5.9 到图 5.11 展示了不同方法在 3 种测试图像（"Butterfly" "Leaves" "Parrot"）上的性能比较结果（采样因子为 3，Mixed-3 混合噪声）。通过观察发现：基于深度学习的 CSCN 方法总是导致明显的模糊。Peleg 等人提出的方法、Cao 等人提出的方法、LANR-NLM 方法总是产生明显的振铃瑕疵和阶梯瑕疵。相比之下，整合局部系数先验和非局部自相似性先验的 NCSR 方法和 DSRSR 方法展示了较好的重建图像的能力。通过设计自适应 l_q-范数约束的广义非局部自相似性正则项，重建出来的图像在视觉效果上明显好于 NCSR 方法和 DSRSR 方法。例如，在图 5.9(a) 和图 5.9(c) 中，底部白色区域能观察到黑色的斑点。然而，在图 5.9(g) 中，没有发现这些瑕疵。在图 5.10 和图 5.11 中也能观察到相似的结果。

第 5 章 基于广义非局部自相似性正则化稀疏表示的单幅图像超分辨率重建方法

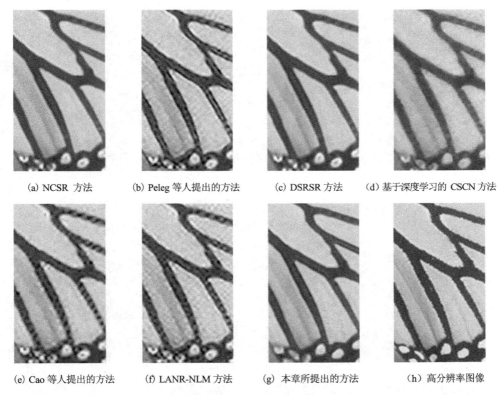

(a) NCSR 方法　　(b) Peleg 等人提出的方法　　(c) DSRSR 方法　　(d) 基于深度学习的 CSCN 方法

(e) Cao 等人提出的方法　　(f) LANR-NLM 方法　　(g) 本章所提出的方法　　(h) 高分辨率图像

图 5.9　不同方法在"Butterfly"测试图像上的性能比较结果
（采样因子为 3，Mixed-3 混合噪声）

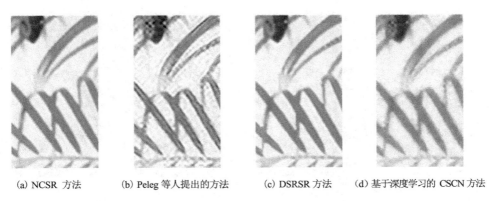

(a) NCSR 方法　　(b) Peleg 等人提出的方法　　(c) DSRSR 方法　　(d) 基于深度学习的 CSCN 方法

图 5.10　不同方法在"Leaves"测试图像上的性能比较结果
（采样因子为 3，Mixed-3 混合噪声）

(e) Cao 等人提出的方法　　(f) LANR-NLM 方法　　(g) 本章所提出的方法　　(h) 高分辨率图像

图 5.10　不同方法在"Leaves"测试图像上的性能比较结果
（采样因子为 3，Mixed-3 混合噪声）（续）

(a) NCSR 方法　　(b) Peleg 等人提出的方法　　(c) DSRSR 方法　　(d) 基于深度学习的 CSCN 方法

(e) Cao 等人提出的方法　　(f) LANR-NLM 方法　　(g) 本章所提出的方法　　(h) 高分辨率图像

图 5.11　不同方法在"Parrot"测试图像上的性能比较结果
（采样因子为 3，Mixed-3 混合噪声）

上述的实验验证了本章所提出的方法在不同的噪声组合情况下的鲁棒性,这主要是得益于自适应 l_q-范数约束的广义非局部自相似性正则项的强去噪能力。此外,由于 l_q-范数约束的广义非局部自相似性正则项的自适应性,本章所提出的方法能较好地重建图像细节。实验结果表明,通过合理配置参数,本章所提出的方法能很好地平衡图像去噪和图像细节重建的任务。

在 Mixed-3 混合噪声组合下,不同方法重建 10 幅图像的 CPU 处理消耗时间 Time(s)如表 5.8 所示。将表 5.1 中的第 5 个混合噪声组合(Mixed-3)添加进 10 幅无噪声的低分辨率图像中。通过观察能得到:相比 NCSR 方法和 DSRSR 方法,本章所提出的方法在重建较好的细节时花费了更少的重建时间。

表 5.8 在 Mixed-3 混合噪声组合下,不同方法重建 10 幅图像的 CPU 处理消耗时间 Time(s)

测试图像	指标	对比方法						
		NCSR	Peleg 等人提出的方法	DSRSR	基于深度学习的 CSCN	Cao 等人提出的方法	LANR-NLM	本章所提出的方法
Butterfly	Time	152	8	163	2	54	30	79
Bikes	Time	149	8	159	2	54	31	79
Boats	Time	142	8	157	2	52	28	80
Flowers	Time	138	7	153	2	51	31	77
Hat	Time	135	8	148	2	48	31	74
Leaves	Time	156	8	166	2	56	29	80
Parrot	Time	136	8	151	2	48	29	76
Lena	Time	135	8	151	2	49	31	77
Peppers	Time	142	7	155	2	52	29	76
Girl	Time	132	7	147	2	49	31	75
平均值	Time	142	7	155	2	51	30	77

5.6 本章小结

本章介绍了一个有效的基于稀疏表示的自适应 l_q-范数约束的广义非局部自相似性正则项的单幅图像超分辨率重建方法。考虑到固定 l_q-范数约束的非局部自相似性正则项很难适应具有不同内容的图像块,本章提出了基于自适应 l_q-范数约束的广义非局部自相似性正则项的稀疏表示模型去解决这个问题。它有效整合了传统的非局部自相似性先验和行非局部自相似性先验，能自适应调节不同的 q 值来处理不同的图像块内容。此外，相比先前的研究工作仅考虑了 Gaussian 噪声，很少考虑脉冲噪声，本章同时考虑这两类噪声组合对所提出的重建方法的鲁棒性的影响。得益于自适应 l_q-范数约束的广义非局部自相似性正则项的强去噪能力，本章所提出的方法能在噪声去除和高频细节重建中有一个好的表现。实验结果显示，本章所提出的方法无论是在客观指标评价上，还是在主观视觉对比下，都优于其他现有的重建方法。

第6章 基于行非局部几何字典的单幅图像超分辨率重建

在基于稀疏表示的单幅图像超分辨率重建中,除了探索稀疏表示系数的正则化方案,另一个关键问题是针对字典的研究。众所周知,图像超分辨率重建的质量很大程度上取决于学习到的字典能否很好地表征图像底层结构。最初的研究者希望寻求一个通用的、过完备的字典来表示丰富的图像结构。然而,这类方法学习到的通用的、过完备的字典缺乏对各种图像局部结构的适应性。随后,为能学习到表示各种局部结构的子字典,有学者使用 K-means 方法对预先采集的图像块进行聚类,然后从中学习相应的紧凑 PCA 子字典。也有学者利用图像块的方差和方向特性,将从图像中分割出来的图像块聚集到平滑簇、非平滑簇及随机簇中。其中,非平滑簇根据图像块的角度又具体划分成间隔为 30°的 0°~180° 的子图像簇,依此来学习这些簇对应的方向性子字典。上述字典学习方法的一个共同点是,它们的学习过程是隐式的。也就是说,训练集和字典之间的关系没有明确建立。将一组相似的图像块重新排列成一个矩阵时,在矩阵的行或列之间都存在非局部的自相似性。在行自相似性的启发下,可以通过将训练图像块之间的行自相似性先验显式传递到字典学习过程中。本章将提出一种基于行非局部几何字典的稀疏表示模型,然后将此模型应用到单幅图像超分辨率重建中。

6.1 相关工作分析

在本节中,我们将简要回顾基于稀疏表示的单幅图像超分辨率重建方法、行非局部自相似性与列非局部自相似性。

6.1.1 基于稀疏表示的单幅图像超分辨率重建

基于稀疏表示的单幅图像超分辨率重建方法分为字典训练和高分辨率图像重建两个阶段。在字典训练阶段,定义训练所需的集合为 $P = \{X^h, Y^l\}$,其中

$X^h = [x_1,\cdots,x_i,\cdots,x_n] \in \mathbf{R}^{N\times n}$ 代表高分辨率图像块矩阵，x_i 为从高分辨率图像 x 中分割出来的向量化的高分辨率图像块。$Y^l = [y_1,\cdots,y_i,\cdots,y_n] \in \mathbf{R}^{M\times n}$ 代表低分辨率图像块矩阵，y_i 为从低分辨率图像 y 中分割出来的向量化的低分辨率图像块。定义 $D_h = [d_{h1},\cdots,d_{hi},\cdots,d_{hd}] \in \mathbf{R}^{N\times d}$ 是高分辨率字典，$D_l = [d_{l1},\cdots,d_{li},\cdots,d_{ld}] \in \mathbf{R}^{M\times d}$ 是低分辨率字典，$S = [s_1,\cdots,s_i,\cdots,s_n] \in \mathbf{R}^{d\times n}$ 是稀疏表示系数。给定训练好的高分辨率字典和低分辨率字典，对应的高分辨率图像块和低分辨率图像块的系数表示过程如下列公式：

$$\{D_h^*, S^*\} = \arg\min_{\{D_h, S\}} \left\{ \left\| X^h - D_h S \right\|_F^2 + \lambda \|S\|_1 \right\}, \quad \text{s.t.} \|d_{hi}\|_2^2 \leqslant 1, \quad i = 1,2,\cdots,d \tag{6.1}$$

$$\{D_l^*, S^*\} = \arg\min_{\{D_l, S\}} \left\{ \left\| Y^l - D_l S \right\|_F^2 + \lambda \|S\|_1 \right\}, \quad \text{s.t.} \|d_{li}\|_2^2 \leqslant 1, \quad i = 1,2,\cdots,d \tag{6.2}$$

若要求高分辨率图像块和低分辨率图像块有相同的稀疏表示系数 S，则可以获得联合稀疏表示模型：

$$\{D_h^*, D_l^*, S^*\} = \arg\min_{\{D_h, D_l, S\}} \left\{ \frac{1}{N}\left\| X^h - D_h S \right\|_F^2 + \frac{1}{M}\left\| Y^l - D_l S \right\|_F^2 + \lambda\left(\frac{1}{N} + \frac{1}{M}\right)\|S\|_1 \right\} \tag{6.3}$$

其中，N 和 M 分别表示高分辨率图像块和低分辨率图像块向量化的维度(或者像素个数)，λ 是正则化参数。公式(6.3)能简写为以下形式：

$$\{D^*, S^*\} = \arg\min_{\{D, S\}} \left\{ \left\| X - DS \right\|_F^2 + \hat{\lambda} \|S\|_1 \right\}, \quad \text{s.t.} \|d_i\|_2^2 \leqslant 1, \quad i = 1,2,\cdots,d \tag{6.4}$$

其中，$X = \begin{bmatrix} \frac{1}{\sqrt{N}} X^h \\ \frac{1}{\sqrt{M}} Y^l \end{bmatrix}$，$D = \begin{bmatrix} \frac{1}{\sqrt{N}} D_h \\ \frac{1}{\sqrt{M}} D_l \end{bmatrix}$，$\hat{\lambda} = \lambda\left(\frac{1}{N} + \frac{1}{M}\right)$。

在高分辨率图像重建阶段，对输入的低分辨率图像块 y_i，首先通过学习到的低分辨率字典 D_l 计算出对应的稀疏表示系数 s_i。然后通过学习到的高分辨率字典 D_h 计算出期望的高分辨率图像块 $x_i = D_h s_i$。最后通过加权融合所有求得的期望的高分辨率图像块就能计算出整个期望的高分辨率图像 x_0。研究发现：通过上述方式求得的期望的高分辨率图像不满足重建约束 $y = Hx + v$ (H 是模糊和下采样矩阵，v 是加性噪声)。因此，通过设计全局约束范数 $\|x - x_0\|_2^2$ 来优化计算出的期望的高分辨率图像 x_0，进而构造出全局约束的重建模型：

$$x^* = \arg\min_x \left\{ \|y - Hx\|_2^2 + c\|x - x_0\|_2^2 \right\} \tag{6.5}$$

6.1.2 行非局部自相似性与列非局部自相似性

在一个由若干相似的向量化的图像块组成的矩阵中,非局部自相似性特性不仅存在于行与行之间,还存在于列与列之间。定义 $\boldsymbol{u}=[\boldsymbol{u}_1,\cdots,\boldsymbol{u}_i,\cdots,\boldsymbol{u}_n]$ 是一个自相似性矩阵,其中,$\boldsymbol{u}_i$ 是向量化的图像块。$\boldsymbol{u}_i$ 的列非局部自相似性的数学描述如下:

$$\boldsymbol{u}_i \approx \sum_{j=1}^{n} w_{ij}\boldsymbol{u}_j = \boldsymbol{u}\boldsymbol{w}_i \tag{6.6}$$

其中,w_{ij} 是分配给 $\boldsymbol{u}_j$ 的权值,涉及相关公式:

$$\boldsymbol{w}_i^* = \arg\min_{\boldsymbol{w}_i}\left\{\|\boldsymbol{u}_i - \boldsymbol{u}\boldsymbol{w}_i\|_2^2 + \lambda_1 \|\boldsymbol{w}_i\|_2^2\right\} \tag{6.7}$$

其中,$\boldsymbol{w}_i = [w_{i1},\cdots,w_{ii},\cdots,w_{in}]$。

定义一个中心行抽取操作符 $\boldsymbol{R}_i$,以便能在 $\boldsymbol{u}$ 中取出每个图像块的中心像素。$\boldsymbol{u}_i$ 的行非局部自相似性的数学描述如下:

$$(\boldsymbol{R}_i\boldsymbol{u})^{\mathrm{T}} \approx \sum_{j=1}^{m} w_{ij}^{\mathrm{r}}(\boldsymbol{u}^{\mathrm{T}})_j = \boldsymbol{u}^{\mathrm{T}}\boldsymbol{w}_i^{\mathrm{r}} \tag{6.8}$$

其中,$\boldsymbol{w}_i^{\mathrm{r}} = [w_{i1}^{\mathrm{r}},\cdots,w_{ii}^{\mathrm{r}},\cdots,w_{im}^{\mathrm{r}}]$ 是行权值,m 是向量化的图像块的维度,能够通过下列公式求解出来:

$$\boldsymbol{w}_i^{\mathrm{r}*} = \arg\min_{\boldsymbol{w}_i^{\mathrm{r}}}\left\{\|(\boldsymbol{R}_i\boldsymbol{u})^{\mathrm{T}} - \boldsymbol{u}^{\mathrm{T}}\boldsymbol{w}_i^{\mathrm{r}}\|_2^2 + \lambda_2 \|\boldsymbol{w}_i^{\mathrm{r}}\|_2^2\right\} \tag{6.9}$$

先前的研究指出:在稀疏表示模型中,通过开发并利用图像先验知识能有效地提高图像超分辨率重建的性能。为此,本章将引入上述提及的行非局部自相似性先验和列非局部自相似性先验进入稀疏表示模型中来探讨它们在图像超分辨率重建中的效果。

6.2 基于行非局部几何字典的稀疏表示模型

通过将图像块空间的列非局部自相似性引入稀疏表示系数空间,本章提出一种基于列非局部自相似性先验的稀疏表示模型:

$$\{\boldsymbol{D}^*,\boldsymbol{S}^*\} = \arg\min_{\{\boldsymbol{D},\boldsymbol{S}\}}\left\{\|\boldsymbol{u} - \boldsymbol{D}\boldsymbol{S}\|_F^2 + \lambda_3 \|\boldsymbol{S} - \boldsymbol{S}\boldsymbol{W}\|_F^2 + \lambda_4 \|\boldsymbol{S}\|_1\right\} \tag{6.10}$$

$$\|\boldsymbol{d}_i\|_2^2 \leqslant 1, \quad i = 1,2,\cdots,d$$

其中，$W_{ij} = \frac{1}{\hat{c}} \exp\left(-\|u_i - u_j\|_2^2 / h\right)$ 是权值矩阵，参数 h 用于控制自相似性，$\hat{c}$ 是归一化参数。在公式(6.10)的右端，第 1 项是数据似然项，用于测量期望值和真实值之间的误差。第 2 项是非局部自相似性先验项，即对每个稀疏表示系数，都可以由其他的相似的稀疏表示系数加权计算出来。第 3 项是稀疏项，用于限制在稀疏表示系数空间中非零项的个数。参数 λ_3 和 λ_4 被用于平衡各个项。

除了对稀疏表示系数正则化这一问题的探讨，另一个关键问题是关于字典的训练。先前工作虽然探索了用训练子字典的方法来表示各种局部结构，但其学习过程是隐式的。也就是说，训练集和字典之间的关系没有明确建立。本章认为如果能学习到具有图像局部结构先验的字典，将有助于提高稀疏表示模型的性能。

为显式地学习几何字典，首先探索训练图像块之间的行非局部自相似性，前面已经探讨了自相似性矩阵 u 中的中心行自相似性，接下来将中心行自相似性扩展到所有行。由于每一行中的所有像素都相似，因此每一行可以由自相似性矩阵 u 的所有行进行加权平均来近似表示。重新定义 R_i 为提取自相似性矩阵 u 中的每一行的操作符，因此每一行的非局部自相似性可以定义为

$$(R_i u)^{\mathrm{T}} \approx \sum_{j=1}^{m} w_{ij}^{\mathrm{r}} \left(u^{\mathrm{T}}\right)_j = u^{\mathrm{T}} w_i^{\mathrm{r}} \tag{6.11}$$

总结自相似性矩阵 u 中所有行的非局部自相似性表示，于是有

$$u \approx W^{\mathrm{r}} u \tag{6.12}$$

其中，权值 $W_{ij}^{\mathrm{r}} = \frac{1}{\hat{c}} \exp\left(-\left\|(R_i u)^{\mathrm{T}} - (R_j u)^{\mathrm{T}}\right\|_2^2 / h\right)$，用于衡量 u 中第 j 行和第 i 行的关系。基于上面的分析，下面将建立训练集和字典之间的关系。定义 $\hat{u} = DS$ 是非局部自相似性矩阵 u 的估计值，于是有 $\hat{u} \approx W^{\mathrm{r}} \hat{u} = W^{\mathrm{r}} DS = \hat{D}S$。代入 $\hat{u}$ 的近似估计值 $\hat{D}S$ 进入公式(6.10)，可得到基于行非局部几何字典学习的稀疏表示模型：

$$\{\hat{D}^*, S^*\} = \arg\min_{\{\hat{D}, S\}} \left\{ \|u - \hat{D}S\|_F^2 + \lambda_3 \|S - SW\|_F^2 + \lambda_4 \|S\|_1 \right\} \tag{6.13}$$

$$\|\hat{d}_i\|_2^2 \leqslant 1, \quad i = 1, 2, \cdots, d$$

在上述公式中，利用非局部自相似性矩阵 u 的列非局部自相似性先验来监督稀疏表示系数的重构，使估计的稀疏表示系数尽可能接近真实值。同时，利用非局部自相似性矩阵 u 的行非局部自相似性先验来指导字典的重建，使学习到的字典能够很好地表示图像的各种局部结构。

6.3 图像超分辨率重建框架

在本节中，首先用前文提及的基于行非局部几何字典的稀疏表示模型来联合学习高分辨率和低分辨率字典对。然后，在这些字典对下，对输入的低分辨率图像的每个图像块和对应的高分辨率图像块进行稀疏编码和重建。最后，提出一种非局部正则化模型，进一步提高重建图像的质量。

6.3.1 联合式行非局部几何字典训练

本节提出的单幅图像超分辨率重建方法采用两阶段策略：字典训练阶段和高分辨率图像重建阶段。在字典训练阶段，首先利用 K-means 方法将训练图像块对聚类成 K 个簇。然后对第 c 个簇 $\{X^h, Y^l\}$ 利用基于行非局部几何字典的稀疏表示模型联合式训练高分辨率字典 $\hat{D}_h$ 和低分辨率字典 $\hat{D}_l$，过程如下：

$$\{\hat{D}_c^*, S_c^*\} = \arg\min_{\{\hat{D}_c, S_c\}} \left\{ \left\| X_c - \hat{D}_c S_c \right\|_F^2 + \hat{\lambda}_1 \left\| S_c - S_c W \right\|_F^2 + \hat{\lambda}_2 \left\| S_c \right\|_1 \right\} \tag{6.14}$$

$$\left\| \hat{d}_i \right\|_2^2 \leqslant 1, \ i = 1, 2, \cdots, d$$

其中，$X_c = \begin{bmatrix} \dfrac{1}{\sqrt{N}} X^h \\ \dfrac{1}{\sqrt{M}} Y^l \end{bmatrix}$，$\hat{D}_c = \begin{bmatrix} \dfrac{1}{\sqrt{N}} W_h^r D_h \\ \dfrac{1}{\sqrt{M}} W_l^r D_l \end{bmatrix}$，$\hat{\lambda}_1 = \lambda_3 (\dfrac{1}{N} + \dfrac{1}{M})$，$\hat{\lambda}_2 = \lambda_4 (\dfrac{1}{N} + \dfrac{1}{M})$，

W_h^r 是 X^h 的行权值，W_l^r 是 Y^l 的行权值。

6.3.2 重建图像

在高分辨率图像重建阶段，首先用 K 个学习到的字典对去重建低分辨率输入图像 y。一般来说，对每个低分辨率图像块 y_i，从 $\{\mathrm{dis}_1, \cdots, \mathrm{dis}_i, \cdots, \mathrm{dis}_K\}$ 中选取最小的值所对应的字典对 $\{\hat{D}_h, \hat{D}_l\}$，其中 $\mathrm{dis}_i = \left\| y_i - \mu_k \right\|_2^2$，$\mu_k$ 是 k 个簇的低分辨率簇中心。于是低分辨率图像块 y_i 的稀疏表示系数 s_i 能通过下式计算出来：

$$s_i^* = \arg\min_{s_i} \left\{ \left\| y_i - \hat{D}_l s_i \right\|_F^2 + \hat{\lambda}_1 \left\| s_i - SW \right\|_F^2 + \hat{\lambda}_2 \left\| s_i \right\|_1 \right\} \tag{6.15}$$

然后，通过计算 $x_i = \hat{D}_h s_i$ 能获得低分辨率图像块 y_i 所对应的高分辨率图像块 x_i。最后，通过加权所有的高分辨率图像块 x_i 能获得整幅期望的高分辨率图像 x_0。

6.3.3 非局部正则化模型优化图像

通过上述所提出的稀疏表示模型产生的期望的高分辨率图像 x_0 可能并不完全满足重构约束 $y = Hx + v$。前期工作经常尝试利用公式(6.5)中的全局约束来克服这一缺陷。然而,在此约束下,仍不能有效抑制伪影瑕疵及重建高频细节。众所周知,在一幅图像中,图像非局部自相似性能够重建高频细节。为此,本章将引入非局部自相似性来解决这些问题。非局部自相似性将当前位置的像素估计为非局部邻域内其他相似像素的加权平均值。它可以写成

$$\hat{x} = \arg\min_{x} \sum_{i \in x} \left\| x_i^p - w_i L_i \right\|_2^2 \quad (6.16)$$

其中,x_i^p 表示第 p 个期望的高分辨率图像块的第 i 个位置像素,$L_i = \left[x_i^1, \cdots, x_i^n \right]^T$ 表示与第 p 个图像块非局部相似的 n 个图像块中第 i 个位置像素的集合,$w_i = [w_i, \cdots, w_i^n]$ 表示对应的权值。$w_i^n = \frac{1}{\hat{c}} \exp\left\{ -\left\| x^p - x^n \right\|_2^2 / h \right\}$。

将公式(6.5)中的全局约束替换为非局部自相似性公式(6.16),于是有非局部正则化模型:

$$x^* = \arg\min_{x} \left\{ \left\| y - Hx \right\|_2^2 + c_1 \left\| (I - Z) x \right\|_2^2 \right\} \quad (6.17)$$

其中,$Z(i, j) = \begin{cases} w_{ij}^N, & j \in L(x_i^p) \\ 0, & \text{其他} \end{cases}$,$I$ 是单位矩阵。公式(6.17)右边第 1 项为数据似然项,用来确保重建的高分辨率图像中的像素接近真实值。第 2 项为非局部正则项,用于重建高频细节。

公式(6.17)可以通过梯度下降法有效求解,即

$$\begin{aligned} x_{t+1} &= x_t + \tau \left\{ H^T (y - Hx_t) - c_1 (I - Z)^T (I - Z) x_t \right\} \\ &= x_t + \tau H^T (y - Hx_t) - \hat{c}_1 (I - Z)^T (I - Z) x_t \end{aligned} \quad (6.18)$$

其中,t 表示迭代次数,τ 表示梯度下降的步长,$x_{t=0} = x_0$。从公式(6.18)中可以看到:当 $t = 0$ 时,公式(6.18)将变成全局约束。当 $t > 0$ 时,公式(6.18)将变成非局部正则化约束。因此,本章所提出的模型能够有效重建高频细节并抑制伪影瑕疵。

6.3.4 图像重建算法

算法 1:基于行非局部几何字典的单幅图像超分辨率重建算法

输入:K 个联合训练的字典对 $\{\hat{D}_h, \hat{D}_l\}$,低分辨率图像 y,上采样因子 s。

输出：高分辨率图像 x。

步骤 1：将输入的低分辨率图像 y 划分为 5×5 的图像块 y_i，重叠像素数为 3。对每个图像块 y_i，执行如下步骤。①自适应选取图像块 y_i 对应的字典对 $\{\hat{D}_h, \hat{D}_l\}$，用公式(6.15)计算对应的稀疏表示系数 s_i^*。②通过计算 $x_i = \hat{D}_h s_i$ 获得高分辨率图像块 x_i。

步骤 2：通过对所有的高分辨率图像块 x_i 进行加权计算，能获得整幅期望的高分辨率图像 x_0。

步骤 3：利用公式(6.17)优化 x_0，获得最终期望的高分辨率图像 x。

6.4 实验结果与分析

6.4.1 实验配置

为验证本章所提出的重建方法的有效性，本章选取用于实验的 10 幅测试图像，如图 6.1 所示。从左到右、从上到下依次是："Bikes""Butterfly""Boats""Girl""Pentagon""Parrot""Leaves""Parthenon""Head""Brain"。

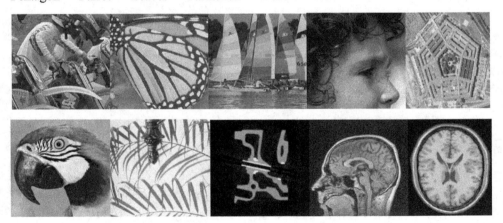

图 6.1 用于实验的 10 幅测试图像

表 6.1 给出了 10 幅测试图像的尺寸。

表 6.1 10 幅测试图像的尺寸

测试图像	Bikes	Butterfly	Boats	Girl	Pentagon	Parrot	Leaves	Parthenon	Head	Brain
尺寸	255×255	255×255	384×360	255×255	384×324	255×255	255×255	255×255	255×255	180×216

本章的实验在 Intel Core 2 Duo 2.2GHz PC 上运行，在 MATLAB R2022a 编程环境

下实现。实验中，通过在高分辨率测试图像上应用标准差为 1.1 的 7×7 的 Gaussion 模糊核及采用下采样 3 倍的操作生成低分辨率测试图像。采用常用的图像训练数据集进行联合字典对的训练。该图像训练数据集包含不同类型的数据，如植物、人脸、建筑物和车辆等，从图像训练数据集中随机选取 50000 个高分辨率和低分辨率图像块对。设置低分辨率图像块尺寸和对应的高分辨率图像块尺寸分别为 5×5 和 15×15。这些高分辨率和低分辨率图像块对被聚类为 20 个簇，每个簇包含 1000 个高分辨率和低分辨率图像块对。考虑到计算量和图像重建质量，字典的大小总是固定为 512。为计算非局部自相似性权值，图像块尺寸应设置为 5×5，全局平滑参数 h 设置为 4.5。将搜索相似像素的邻域半径设置为 21，并选择前 15 个最相近似像素来计算公式(6.17)中的权值矩阵 $\boldsymbol{Z}$。正则化参数 $\hat{\lambda}_1$ 和 $\hat{\lambda}_2$ 分别设置为 0.01 和 0.1。正则化参数 τ 和 $\hat{c}_1$ 分别设置为 3.5 和 0.01。当 $\mathrm{mean}\left(\left\|\boldsymbol{x}^{t+1}-\boldsymbol{x}^t\right\|_2^2\right)<5\times10^{-6}$ 时，算法停止迭代。每 80 次迭代更新一次非局部权值矩阵 $\boldsymbol{Z}$。

6.4.2 参数配置

在算法 1 中，有 3 个主要的参数需要稍加讨论：$\hat{\lambda}_1$，$\hat{\lambda}_2$ 和 $\hat{c}_1$。在本章中，稀疏参数 $\hat{\lambda}_2$ 设置为 0.1。为分析非局部参数 $\hat{\lambda}_1$ 和 $\hat{c}_1$，实验中选择 $\hat{\lambda}_1$ 的范围从 0.01 到 0.51，其步长设置为 0.05；选择 $\hat{c}_1$ 的范围从 0.01 到 0.51，其步长设置为 0.05。

实验中取"Butterfly"作为测试图像来研究当固定参数 $\hat{\lambda}_2$ 和参数 $\hat{c}_1$ 时，参数 $\hat{\lambda}_1$ 不同的取值对重建图像的影响。参数 $\hat{\lambda}_1$ 的不同取值对重建的"Butterfly"测试图像的影响结果(上采样 3 倍)如图 6.2 所示。在图 6.2 中，可以得到以下结果：(a) $\hat{\lambda}_1$=0.01, $\hat{\lambda}_2$=0.1 和 $\hat{c}_1$=0.01 (PSNR=25.32dB, SSIM=0.8887)；(b) $\hat{\lambda}_1$=0.06, $\hat{\lambda}_2$=0.1 和 $\hat{c}_1$=0.01 (PSNR=25.31dB, SSIM=0.8881)；(c) $\hat{\lambda}_1$=0.16, $\hat{\lambda}_2$=0.1 和 $\hat{c}_1$=0.01 (PSNR=25.28dB, SSIM= 0.8871)；(d) $\hat{\lambda}_1$=0.36, $\hat{\lambda}_2$=0.1 和 $\hat{c}_1$=0.01(PSNR=25.26dB, SSIM=0.8855)；(e) $\hat{\lambda}_1$ =0.51, $\hat{\lambda}_2$=0.1 和 $\hat{c}_1$=0.01 (PSNR=25.23dB, SSIM=0.8846)；(f) 真实高分辨率图像。

实验中取"Butterfly"作为测试图像来研究当固定参数 $\hat{\lambda}_2$ 和参数 $\hat{\lambda}_1$ 时，参数 $\hat{c}_1$ 不同的取值对重建图像的影响。参数 $\hat{c}_1$ 的不同取值对重建的"Butterfly"测试图像的影响结果(上采样 3 倍)如图 6.3 所示。在图 6.3 中，可以得到以下结果：(a) $\hat{c}_1$=0.01, $\hat{\lambda}_1$=0 和 $\hat{\lambda}_2$=0.1(PSNR=25.32dB, SSIM=0.8887)；(b) $\hat{c}_1$=0.06, $\hat{\lambda}_1$=0 和 $\hat{\lambda}_2$=0.1 (PSNR=25.31dB, SSIM=0.8878)；(c) $\hat{c}_1$=0.16, $\hat{\lambda}_1$=0 和 $\hat{\lambda}_2$=0.1 (PSNR=25.20dB,

SSIM=0.8866);(d) $\hat{c}_1$=0.36,$\hat{\lambda}_1$=0 和 $\hat{\lambda}_2$=0.1(PSNR=24.53dB,SSIM=0.8778);(e) $\hat{c}_1$=0.51,$\hat{\lambda}_1$=0 和 $\hat{\lambda}_2$=0.1(PSNR=24.18dB,SSIM=0.8722);(f) 真实高分辨率图像。

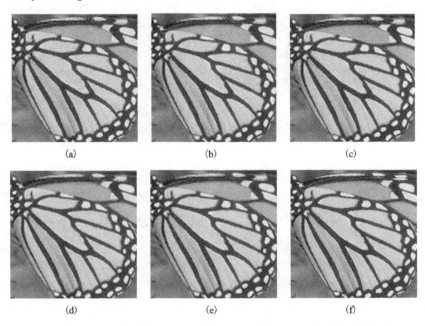

图 6.2 参数 $\hat{\lambda}_1$ 的不同取值对重建的"Butterfly"测试图像的影响结果(上采样 3 倍)

综上所述,可以看出,当 $\hat{\lambda}_1$ 的值超过 0.01 时,PSNR 和 SSIM 均明显降低,重建图像的视觉效果没有明显变化。实验结果表明,为平衡主观视觉质量与客观评价指标之间的关系,其参数 $\hat{\lambda}_1$,$\hat{\lambda}_2$ 和 $\hat{c}_1$ 应分别设置为 0.01,0.1 和 0.01。

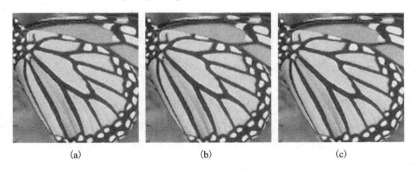

图 6.3 参数 $\hat{c}_1$ 的不同取值对重建的"Butterfly"测试图像的影响结果(上采样 3 倍)

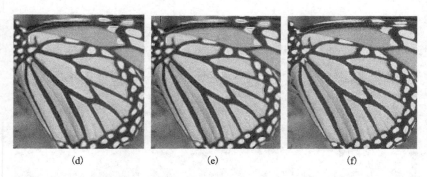

图 6.3 参数 $\hat{c}_i$ 的不同取值对重建的"Butterfly"测试图像的影响结果(上采样 3 倍)(续)

6.4.3 行非局部几何字典的相关性分析

字典的非相关性对稀疏表示模型是至关重要的,通常采用皮尔森相关系数 ρ 来衡量字典的非相关性。其定义为 $\rho_{d_i,d_j} = \mathrm{cov}(d_i, d_j)/\sigma_{d_i,d_j}$,其中,$d_i$,$d_j$ 表示字典的第 i 列和第 j 列,σ 表示标准差,cov 表示协方差。较小的皮尔森相关系数 ρ 表示字典的两个列具有较高的非相关性。为获得较好的字典进而提高稀疏表示模型的性能,实验中应选取较小的皮尔森相关系数 ρ。

实验从 K 个学习到的字典对中随机选择一个高分辨率和低分辨率字典对。在这里,通过计算皮尔森相关系数 ρ 来评估每个字典的非相关性。本章所提出的方法和 Yang 提出的 SC 方法学习到的字典中两个列的相关系数直方图如图 6.4 所示(见彩图)。从这些图中可以发现,行非局部几何字典的相关系数主要分布在较小的[0, 0.2]区间上,并且在这个区间上相关系数所占的百分比较传统方法更高。此外,较大的相关系数会降低学习到的字典的性能。从图 6.4 中可以看出,较大的皮尔森相关系数在整个相关系数分布中所占比例较小。实验结果表明,本章所提出的基于行非局部几何字典的稀疏表示模型具有学习非相关性字典的能力。

6.4.4 与现有方法的对比

为验证本章所提出的方法的有效性,将基于行非局部几何字典的单幅图像超分辨率重建方法与 3 种具有代表性的方法进行比较。这 3 种方法分别为双立方插值方法(BI)、近邻嵌入方法(NE)和稀疏表示方法(SC)。在客观评价指标的选取上,均采用 PSNR 和 SSIM 来评价不同方法的性能。

表 6.2 展示了不同的图像超分辨率重建方法在测试图像上的 PSNR(dB)值和 SSIM 值。

第 6 章 基于行非局部几何字典的单幅图像超分辨率重建

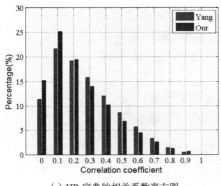

(a) HR 字典的相关系数直方图

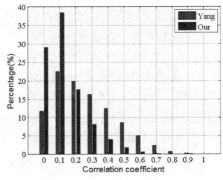

(b) LR 字典的相关系数直方图

图 6.4 本章所提出的方法和 Yang 提出的 SC 方法学习到的字典中两个列的相关系数直方图

表 6.2 不同的图像超分辨率重建方法在测试图像上的 PSNR(dB) 值和 SSIM 值。

测试图像	评价指标	方法			
		BI 方法	NE 方法	SC 方法	本章所提出的方法
Bikes	PSNR	21.23	20.99	22.42	22.88
	SSIM	0.6783	0.6578	0.7544	0.7808
Butterfly	PSNR	22.22	21.85	24.16	25.32
	SSIM	0.8023	0.7853	0.8616	0.8887
Boats	PSNR	24.69	24.27	25.62	25.89
	SSIM	0.7541	0.7407	0.7980	0.8136
Girl	PSNR	31.61	31.16	32.48	32.74
	SSIM	0.7877	0.7705	0.8175	0.8234
Pentagon	PSNR	19.78	19.47	20.47	20.73
	SSIM	0.5558	0.5393	0.6322	0.6601
Parrot	PSNR	23.41	23.02	24.64	25.29
	SSIM	0.7918	0.7636	0.8283	0.8427
Leaves	PSNR	21.27	20.91	23.10	24.31
	SSIM	0.7780	0.7609	0.8543	0.8897
Parthenon	PSNR	30.10	28.82	32.88	35.96
	SSIM	0.9416	0.9176	0.9534	0.9712
Head	PSNR	23.46	23.05	24.46	25.16
	SSIM	0.6469	0.6352	0.6983	0.7192
Brain	PSNR	25.81	25.01	26.95	29.40
	SSIM	0.8355	0.8095	0.8673	0.9038

从表 6.2 中可以看出，NE 方法的性能总是最低的。BI 方法和 SC 方法都能取得比 NE 方法更好的效果。本章所提出的重建方法明显优于上述几种重建方法。这是由于行非局部自相似性和列非局部自相似性可以有效降低图像重建模型的不适定性，从而产生更可靠的和鲁棒的图像超分辨率结果。

为展示不同的图像超分辨率重建方法所得结果的视觉质量，实验执行 3 倍的重建操作在"Butterfly""Pentagon""Parthenon""Head"测试图像上，重建后的实验结果分别如图 6.5 到图 6.8 所示。

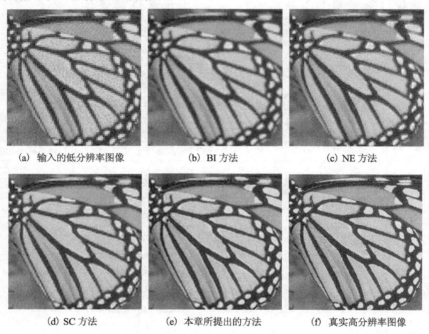

图 6.5　重建的"Butterfly"测试图像（上采样 3 倍）

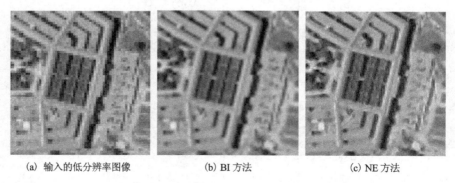

图 6.6　重建的"Pentagon"测试图像（上采样 3 倍）

第 6 章 基于行非局部几何字典的单幅图像超分辨率重建

(d) SC 方法

(e) 本章所提出的方法

(f) 真实高分辨率图像

图 6.6 重建的"Pentagon"测试图像（上采样 3 倍）（续）

(a) 输入的低分辨率图像

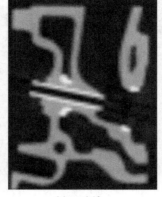
(b) BI 方法

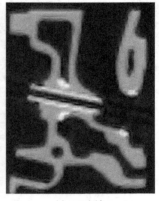
(c) NE 方法

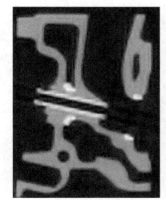
(d) SC 方法

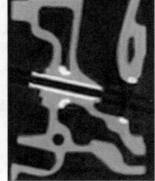
(e) 本章所提出的方法

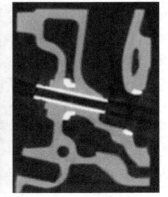
(f) 真实高分辨率图像

图 6.7 重建的"Parthenon"测试图像（上采样 3 倍）

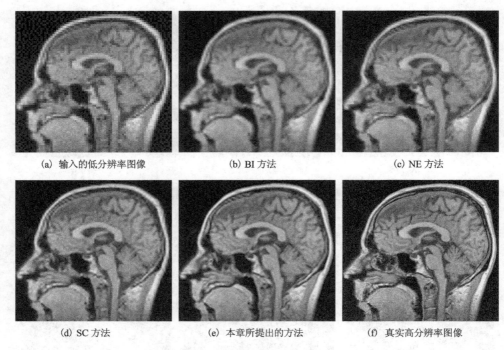

(a) 输入的低分辨率图像　　(b) BI 方法　　(c) NE 方法

(d) SC 方法　　(e) 本章所提出的方法　　(f) 真实高分辨率图像

图 6.8　重建的"Head"测试图像（上采样 3 倍）

图 6.5 到图 6.8 显示了重建图像的一些局部视觉效果。从这些图中，可以看到 BI 方法始终如一地产生边缘模糊的平滑结果。NE 方法可以重现一些高频细节，但由于存在不合适的邻域参与重建，因此在边缘区域会产生严重的伪影瑕疵。通过利用稀疏先验，SC 方法可以更好地处理此类噪声。然而，学习一个能够表示各种高分辨率和低分辨率结构的通用高分辨率和低分辨率字典是一件困难的事情。因此，在上述重建方法重建的图像的边缘区域可以清晰地观察到一些振铃瑕疵和锯齿。与上述方法相比，本章所提出的重建方法产生的伪影瑕疵更少，同时还获得了更清晰的边缘和更精细的细节。例如，在图 6.7(e) 中，可以观察到"Parthenon"测试图像的边缘看起来比其他边缘更自然。

6.4.5　耗时比较

本节将探讨基于行非局部几何字典的单幅图像超分辨率重建方法与现有方法在重建图像耗时方面的比较。实验随机选取 7 幅大小相同、内容不同的测试图像开展对比实验，且对每幅测试图像进行 10 次重复实验，计算平均的重建时间。在本章所提出的重建方法和 SC 方法中，由于字典训练可以离线完成，因此字典的训练时间没有加到处理时间中。不同方法在测试图像上的耗时情况如表 6.3 所示。

表 6.3 不同方法在测试图像上的耗时情况

方法	耗时	测试图像						
		Bikes	Butterfly	Girl	Parrot	Leaves	Parthenon	Head
SC 方法	Time (s)	16.56	16.82	16.52	15.21	15.51	12.87	12.67
本章所提出的方法	Time (s)	255.31	258.73	263.11	252.31	250.08	245.55	252.08

从表 6.3 中可以看出，本章所提出的方法（基于行非局部几何字典的单幅图像超分辨率重建方法）比 SC 方法慢。此外，就平滑图像来说，使用基于行非局部几何字典的单幅图像超分辨率重建方法和 SC 方法所需要的处理时间都比非平滑图像更少。例如，"Parthenon"和"Butterfly"这两幅重建图像。

在算法 1 中，由于步骤 1 的图像块稀疏表示和步骤 3 的非局部权值矩阵计算在整个计算量中占据较大的比重，因此可以通过并行计算来加快这两部分的计算速度，进而减少基于行非局部几何字典的单幅图像超分辨率重建方法的总体计算量。

6.5 本章小结

在计算机视觉领域，单幅图像超分辨率重建本质上是一个不适定问题。基于图像自相似性先验的稀疏表示模型是解决这一问题的有效方法。本章首先将行非局部自相似性先验显式地引入字典学习过程中，提出了一种基于行非局部几何字典学习的稀疏表示模型。然后，将非局部约束作为正则项融入常规的重建约束模型中，进一步提高重建图像的质量。最后，在自然图像、遥感图像和医学图像上的实验结果表明，本章所提出的方法不仅可以显著降低字典两个列之间的相关性，还在 PSNR、SSIM 和视觉质量评价上都优于现有的许多图像重建方法。在今后的工作中，作者将开发本章所提供的方法的快速算法，并将其应用到其他相关领域中。

第 7 章 基于 UNet 的图像去噪

图像去噪方法旨在从低质量的含噪声的观测图像中重建出潜在的高质量图像，它已经成为图像处理和计算机视觉领域中一个活跃的研究课题。如今，学术界已经提出了许多优秀的图像去噪的理论和方法，有效解决了图像去噪这一逆问题的病态性。总体上，这些工作的研究主要集中在两个方向：基于模型的优化方法和基于学习的方法。得益于贝叶斯方法，基于模型的优化方法已经探索了各种图像先验和噪声模型，用于从低质量的含噪声的观测图像中重建出潜在的高质量图像。例如，自然图像的局部相似性常用于 TV（总变差）正则化模型中，同时，还存在许多不同形式的图像非局部自相似性先验模型。通过使用这些手工设计的先验模型，图像去噪任务在过去几十年取得了显著的进展。

不同于基于模型的重建方法，基于深度学习的重建方法隐式地学习了一个映射函数，并利用该函数从训练图像库中预测退化观测过程中丢失的高频细节。如今，基于深度学习的重建方法已经成为图像去噪领域的主流研究分支。作为开创性的工作，DnCNN 方法[150]首次提出了通过建模深度 CNN 来预测图像噪声。该方法采用了残差学习和批归一化技术。随后，文献[123]提出了快速灵活的 FFDNet 方法。该方法通过将噪声水平融合进输入层来去除空间可变的噪声。随着 CNN 深度的增加，浅层的原始数据对深层的影响逐渐减少，而这些原始数据对整个网络的学习过程是十分重要的。为解决这个问题，文献[151]和文献[152]通过引入密集的跳跃连接，设计了不同类型的残差密集网络，以处理实际场景中的图像噪声。受语义分割技术的启发[153]，文献[154]利用多扩张卷积策略以提高图像去噪性能。与基于模型的重建方法中显式地设计手工先验不同，人们还可以采用深度 CNN 的隐式学习方式来学习不同类型的图像先验。

近年来，具有跳跃连接和对称编码器/解码器框架的 UNet 模型引起越来越多学者的关注。凭借出色的特征表示能力，它在图像处理任务（如图像重建和医学图像分割）中具有很好的表现。例如，通过将子空间注意力模块嵌入常用的 UNet 模型，文献[155]提出了 NBNet 方法。该方法能在图像去噪中有效地保持图像局部结构和弱纹理区域。尽管 UNet 在图像去噪方面取得了较好的竞争力，但它仍面临着两个缺点：首先，在编码器管道中，它采用了一些下采样模块，如用池化、卷积和特征块合并操作以减小特征图的大小。下采样模块对相邻特征层之间的特征转换非常重要。在

第 7 章 基于 UNet 的图像去噪

下采样操作和噪声干扰下,下采样后的特征图中包含较少的特征和更多的噪声,这将导致去噪性能的降低。对于图像去噪任务,这些普通的下采样模块在特征转换期间无法去除噪声。本章的研究旨在使下采样模块在执行特征转换过程中也能够起到去除噪声的作用。为此,本章设计了一个特征块合并提炼器(PMR),它利用子空间投影从特征空间中学习一组恢复基,并将特征块合并的特征投影到这样的空间中。在执行特征转换过程中,模型能有效地去除噪声,也能保留特征空间的真实信息。图像去噪任务不仅是去除噪声,还包括重建高频细节。然而,UNet 的普通卷积模块仅关注局部感受野,这表明它无法重建高频细节,如重复细节和复杂纹理。自然图像通常包含丰富的重复细节和复杂纹理。众所周知,非局部机制擅长处理高度重复的细节,而局部机制倾向于处理图像去噪任务中的复杂纹理。从非局部机制的角度出发,本章所提出的模型通过在 PMR 下采样模块上执行来自文献[156]中的组卷积(GC)块模块以达到重建高频细节的目的。只要解决了上述的两个问题,就可以将 PMR 下采样模块和 GC 块模块集成到常用的 UNet 模型中,构建一个用于图像去噪的 PMR-UNet 模型。

7.1 相关工作分析

7.1.1 图像去噪相关工作

在过去的几十年中,图像去噪任务主要依赖于手工设计的先验模型来处理图像噪声。例如,具有局部平滑性质的 TV 先验和非局部自相似性先验两个先验模型。不可否认的是,这些先验模型在过去的不同时期改善了图像去噪算法的性能,从而推动了图像去噪领域的进展。

近年来,凭借 GPU 硬件技术的迅速发展和反向传播算法提供的理论支撑,基于深度学习的模型在执行速度和性能方面均超越了手工设计的先验模型,特别是具有卓越特征提取功能的 CNN 已经成为包括图像去噪在内的计算机视觉任务中的主流应用。第一个基于 CNN 的 DnCNN 方法开创了图像去噪领域的新时代。此后,不同 CNN 模型的图像去噪方法相继提出。MemNet 方法[157]在卷积层中应用了密集连接。带有噪声水平图的 FFDNet 方法提高了基于 CNN 的图像去噪方法的泛化性能[123]。CBDNet 方法[158]采用了葫芦模型,并将其用于处理真实图像被噪声污染的问题。MIRNet 方法[159]为真实图像重建设计了上下文信息融合和选择性核融合机制。深度递归网络、深度卷积字典学习和迁移学习这些理论被相继提出,随后被应用到了图像去噪领域。

7.1.2 UNet 相关工作

UNet 模型最初是针对生物医学图像分割任务提出的，展示了很强的特征表示能力。该模型有两个主要的信息流管道：编码器管道和解码器管道。编码器管道旨在捕捉上下文信息，而解码器管道用于精确定位。在相同的尺度级别中，UNet 模型使用了跳跃连接和级联来融合编码器阶段的低级语义特征图和解码器阶段的高级语义特征图。这种结构使 UNet 模型能够进行图像分割和特征提取操作。

在基于深度学习的各种图像处理任务中，UNet 模型已经成功应用并逐渐成为基线模型。在 UNet 模型中，低级语义特征通过跳跃连接直接传递到高级语义特征，这导致某些来自低级语义特征图的特征没有被增强或被抑制。为解决这个问题，人们相继提出了残差密集 UNet、多尺度残差密集 UNet、注意力引导 UNet 和 Swin Transformer UNet 等模型。通过将子空间注意力模块嵌入 UNet 模型中，文献[155]提出了 NBNet 模型。该模型能够有效地保持局部结构和弱纹理区域，主要用于图像去噪领域。这些模型的提出丰富了 UNet 模型的应用领域，使其在图像处理任务中具有出色的表现。

7.2 基于特征块合并提炼器嵌入 UNet 的图像去噪方法

接下来，本章将首先介绍如何设计 PMR 下采样模块和 GC 块模块。然后，将提出的 PMR 下采样模块和 GC 块模块集成到 UNet 模型中。最后，构建出 PMR-UNet 模型用于图像去噪领域。以下的内容将有助于人们理解如何将这些模块结合在一起，以改进图像去噪的性能。

7.2.1 特征块合并提炼器下采样模块

尽管 UNet 模型在图像去噪领域取得了很好的竞争力，但它仍面临一个缺点：UNet 模型的编码器管道使用卷积模块、特征合并模块和最大池化模块来减小特征图的大小以进行下采样。下采样模块对相邻特征层之间的特征转换非常重要。然而，就图像去噪任务来说，这些普通的下采样模块在特征转换过程中无法去除噪声。为此，本章设计了一个 PMR 下采样模块，它可以利用子空间投影从特征空间中学习一组恢复基，并将特征块合并的特征投影到这样的空间中，以在执行特征转换过程时去除噪声并保留特征空间的真实信息。PMR 下采样模块如图 7.1 所示。

第 7 章 基于 UNet 的图像去噪

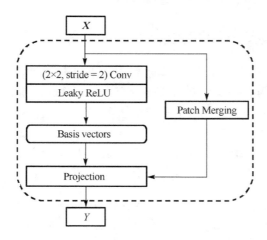

图 7.1 PMR 下采样模块

7.2.2 特征块合并模块

在图 7.1 中，使用特征块合并模块减小特征图 X 的尺寸大小。其细节描述如下：为简化问题，以单通道的 4×4 特征图和下采样因子为 2 为例。特征块合并示意图如图 7.2 所示（见彩图）。首先，通过设置特征块窗口尺寸为 2×2、步长为 2，单通道的 4×4 特征图被分成 4 通道的 2×2 的特征图块（简称特征块）。其次，对每个特征块，将指定位置的数据转换到通道空间，也就是从上到下和从左到右，左上角的数据被重新分配到第 1 个通道，右上角的数据被重新分配到第 2 个通道，左下角的数据被重新分配到第 3 个通道，右下角的数据被重新分配到第 4 个通道。通过特征块合并模块，特征图 X 的空间维度缩小了一半，而特征通道的数量变为原来的 4 倍。这个过程有助于减小特征图的尺寸，同时增加特征通道的数量，以便更有效地处理特征。

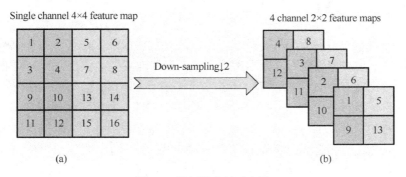

图 7.2 特征块合并示意图

7.2.3 子空间基向量学习及投影

众所周知，自然图像通常位于低秩子空间中。因此，通过学习子空间基向量，可以将图像块合并的特征投影到这样的子空间上，并获得重建后的特征图。该特征图可以保留特征空间中最真实的信息并去除噪声。子空间基向量的学习过程如下所述。

设 $f_\theta:(\mathbf{R}^{H\times W\times C})\to \mathbf{R}^{N\times K}$ 为关于 θ 的函数，子空间基向量 V 可定义为

$$V = f_\theta(X) \tag{7.1}$$

在上述定义中，H 和 W 分别表示特征图 X 的长度和宽度，C 表示通道数，$N=HW/4$，$V=[v_1,v_2,\cdots,v_K]$，K 是子空间基向量的数量。本章采用了卷积核大小为 2×2、步长为 2 的卷积及 Leaky ReLU 操作来学习这 K 个子空间基向量（见图 7.1）。

给定 K 个子空间基向量和与特征图 X 对应的特征块合并后的特征图 X'，可以通过正交线性投影将 X' 投影到子空间 V 上。定义 P 为正交投影矩阵，它可以从 V 中计算得出：

$$P = V(V^\mathrm{T}V)^{-1}V^\mathrm{T} \tag{7.2}$$

由于学习过程不能保证子空间基向量彼此正交，因此将 $(V^\mathrm{T}V)^{-1}$ 作为规范化项来规范化投影矩阵 P。通过以下方式，特征图 Y 可以从投影得到：

$$Y = PX' \tag{7.3}$$

与特征块合并后的特征图 X' 相比，重建的特征图 Y 保留了特征图 X' 中最真实的信息并抑制了噪声。

7.2.4 GC 块模块

编码器管道通常对下采样特征图使用普通卷积模块来优化其特征。众所周知，普通卷积只关注局部感受野，而局部机制倾向于处理复杂的纹理特征。自然图像或特征图通常包含丰富的重复细节和复杂纹理。在存在噪声的情况下，这些细节和纹理特别容易受到污染。因此，仅使用普通卷积可能难以去除噪声并优化有用的特征。文献[160]指出，非局部机制擅长处理重复细节，并具有卓越的去噪能力。本章提出使用 GC 块模块来重建重复细节。GC 块模块如图 7.3 所示。在这个模块中，它包含两个相同的子模块。对每个子模块，首先采用非局部机制的 GC 块模块来重建重复细节并去除噪声，然后使用普通卷积进一步优化特征。

第 7 章 基于 UNet 的图像去噪

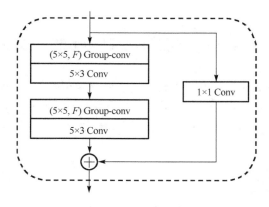

图 7.3 GC 块模块

在经过 PMR 下采样模块的处理之后，先前特征图 X 的特征块被转换到 Y 通道空间，即所有特征块索引位置相同的特征值被转换为相同的特征图。举例说明，将先前第 i 个特征图的所有特征块的第 j 个特征值转换为 Y 通道空间的第 $(4i+j-4)$ 个特征图。如图 7.2(a) 所示，根据非局部机制，可以通过对每个特征图中其他特征块索引位置相同的特征值进行加权平均来恢复特征块的每个特征值。例如，左上角的特征块可以通过对特征值 (6、10、14) 进行加权平均而恢复特征值 2。通过对每个特征通道独立地应用卷积操作，可以在特征通道空间中等效地实现基于特征图补丁的非局部操作。例如，从图 7.2(b) 中可以看出，可以通过在第一个特征通道上应用合适的卷积窗口来恢复第一个特征块的第一个索引位置的特征值。在这里，使用本章所提出的 GC 块模块来设置这个卷积窗口。对大小为 $H/2 \times W/2 \times F$ 的特征图 Y ($F=4C$ 表示特征通道的数量)，采用具有组数量参数 F 的卷积核大小为 5×5 的 GC 块模块和 Leaky ReLU 操作来重建特征图 Y 的重复细节并去除噪声。

根据局部信息融合理论，特征块中的每个特征值都可以通过对特征块中的其他特征值进行加权平均来恢复。例如，在图 7.2(b) 中，特征值 2 可以通过对特征通道中的特征值 (1、3、4) 进行加权平均来恢复。考虑到周围数据的影响，本章采用 3×3 的卷积核和 Leaky ReLU 操作来扩大感受野。其中，3×3 的卷积核可以去除复杂纹理中存在的噪声。

文献[130]中的下采样模块对特征块合并后的下采样特征图 Y 进行卷积以减少特征通道的数量，而 PMR 下采样模块可以保留所有特征通道的数量（即与 X 相对应的所有特征值）。PMR 下采样模块可以确保后续的 GC 块模块能够利用所有特征值，即从非局部机制的角度来重建重复细节并去除噪声。

7.3 基于特征块合并提炼器嵌入 UNet 的图像去噪模型

通过将 PMR 下采样模块和 GC 块模块集成到常用的 UNet 模型中，本章构建了用于图像去噪的 PMR-UNet 模型。PMR-UNet 模型如图 7.4 所示（见彩图）。它主要包括 3 部分：编码器管道、瓶颈管道和解码器管道。

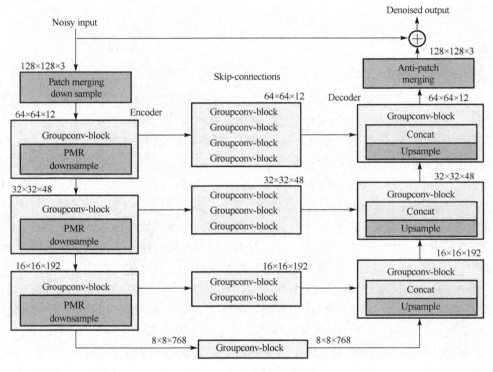

图 7.4　PMR-UNet 模型

在编码器管道中，对带噪声的输入 $y \in \mathbf{R}^{H \times W \times 3}$，PMR-UNet 模型首先应用特征块合并下采样模块（PMD）来提取低层特征 $F_0 \in \mathbf{R}^{\frac{H}{2} \times \frac{W}{2} \times C}$

$$F_0 = \mathrm{PMD}(y) \tag{7.4}$$

其中，$H \times W$ 表示空间维度，C 是特征通道的数量。然后，低层特征 F_0 被依次传递给 3 个编码器模块进行去噪和高频特征的恢复：

$$F_i = \mathrm{PMR}(\mathrm{GCB}(F_{i-1})), \quad i=1,2,3 \tag{7.5}$$

其中，GCB 代表第 i 个编码器阶段中的组卷积块（GroupConv-Block），而 PMR 代表 PMR 下采样模块，它们各自负责不同的任务。GCB 负责高频特征的恢复，而 PMR 则负责去噪。$F_i \in \mathbf{R}^{\frac{H}{2^{i+1}} \times \frac{W}{2^{i+1}} \times 4^i C}$，$i = 0, 1, 2, 3$。

在瓶颈管道中，底层特征 F_3 被输入组卷积块：

$$F_4 = \text{GCB}(F_3) \tag{7.6}$$

在这个转换过程中，特征的维度和分辨率在转换之前和之后都保持不变。

在解码器管道中，瓶颈特征 F_4 被依次传递到 3 个解码器模块中。每个解码器模块由一个上采样层、一个拼接层和一个组卷积块组成：

$$F_{D,i} = \text{GCB}(\text{CONCAT}(\text{GCB}(F_{i-1}), \text{UP}(F_{D,i+1}))), \; i = 3, 2, 1 \tag{7.7}$$

其中，UP 表示上采样，CONCAT 表示拼接，$F_{D,i}$ 表示第 i 个解码器阶段中的特征，$F_{D,4} = F_4$。由于低级语义特征图 F_i 包含丰富的原始图像信息，因此使用组卷积块来提炼它们，然后使用跳跃连接将提炼后的低级语义特征图传递给其对应的解码器模块。将提炼后的低级语义特征图与具有相同尺度的编码器-解码器模块中的高级语义特征图拼接在一起。

顶部解码器的输出被传递到特征块合并模块，并将变换结果 n 作为残差图像应用于带噪声的输入中：

$$n = \text{ANTI}(F_{D,0}) \tag{7.8}$$

7.4 损失函数

通过干净图像和带噪声图像的配对，训练 PMR-UNet 模型，以预测残差图像 n。此时，$n = y - x$。它采用 l_1-范数作为损失函数，用于衡量干净图像和去噪图像之间的距离误差，如下所示：

$$L(G, x, b) = \|x - G(y)\|_1 \tag{7.9}$$

其中，$G()$ 表示 PMR-UNet 模型。

7.5 实验结果与分析

在本节中，首先介绍训练数据集和测试数据集并描述实验细节。然后使用客观评价指标 PSNR/SSIM 和主观视觉评估机制在基准数据集上评估 PMR-UNet 模型与对比图像去噪模型的效果。对比图像去噪模型主要包括 NLM 模型[161]、WNNM 模型[162]、UDNet 模型[163]、DnCNN-B 模型[150]、MemNet 模型[157]、FFDNet 模型[123]、CBDNet 模型[158]、RIDNet 模型[118]、VDN 模型[164]、MIRNet 模型[159]、NBNet 模型[155]和 SUNet 模型[130]等。最后，对消融实验的研究结果进行了展示。

7.5.1 训练数据集和测试数据集

下面将分别讨论在合成 Gaussian 噪声和真实噪声环境下，PMR-UNet 模型与对比图像去噪模型的实验效果。

为训练和测试合成高斯去噪模型，与 VDN 模型和 NBNet 模型中采取的实验策略保持一致，本章也采用 BSD、ImageNet 和 Waterloo Exploration Database 作为训练数据集；Set5、LIVE1 和 CBSD68 作为测试数据集。为训练和测试真实去噪模型，本章选择 SIDD 作为训练和测试的数据集。

7.5.2 实验细节

本章所提出的 PMR-UNet 模型不需要预训练，可以通过端到端的训练机制直接进行训练。整个模型的权值参数初始化过程与文献[165]相同。该模型采用 Adam 优化器来优化损失函数，且使用的动量项为 (0.9，0.999)。学习率参数最初配置为 2×10^{-4}，之后需要采用余弦退火方法来降低学习率参数。在训练过程中，本章设置了 700000 个小批量迭代次数用于训练模型。需要注意的是，不同的图像区域通常包含不同的图像内容，因此，为确保训练模型能够适应不同的图像内容，本章将训练图像块对分割成 128×128 的图像块对，且将 32 个训练图像块对视为一个小批量。为使训练数据多样化，对所有训练图像块对进行随机旋转 90°、180°、270° 及水平和垂直翻转的数据增强操作。

本章采用 PyTorch 框架来训练 PMR-UNet 模型。实验在 Red Hat 4.8.5-16 和 Python 3.8 的环境中进行，并在配备了 4 个 16 核的 Intel(R) Xeon(R) Gold 6142 CPU @ 2.60GHz、1 个 512GB RAM 和两个 NVIDIA Tesla V100 PCIe GPU 的服务器上运行。NVIDIA CUDA 的版本类型为 10.1。

7.5.3 合成 Gaussian 噪声实验

为训练模型，本章首先构建了训练数据集，它包括来自 BSD 的 400 幅图像，来自 ImageNet 的 500 幅图像，以及来自 Waterloo Exploration Database 的 4744 幅图像。为研究 PMR-UNet 模型的有效性和鲁棒性，本章在训练数据集和测试数据集中添加了不同的非独立同分布噪声。非独立同分布噪声生成器如下：

$$n = n^1 \odot M, \quad n^1_{ij} \sim N(0, 1) \tag{7.10}$$

其中，M 表示空间可变图。非独立同分布噪声生成器模拟的 4 种类型的图如图 7.5 所示（见彩图）。图 7.5(a) 用于生成训练数据集的带噪图像。图 7.5(b) 到图 7.5(d) 用于生成 3 个测试数据集的带噪图像（标记为 Case 1~Case 3）。从图 7.5 中可以观察到这 4 种 M 具有不同的特征。

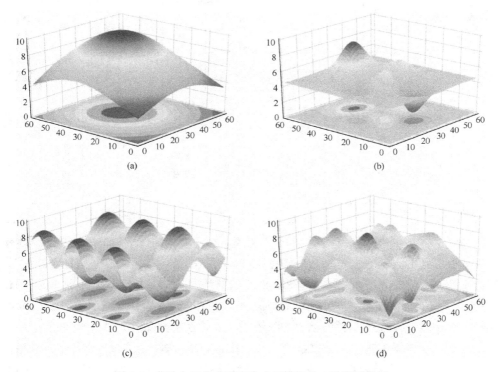

图 7.5　非独立同分布噪声生成器模拟的 4 种类型的图

表 7.1 展示了本章所提出的方法与其他具有代表性方法在 3 个测试数据集和 3 个非独立同分布 Gaussian 噪声情景下的 9 种噪声混合配置上的 PSNR（dB）比较结果。最佳和次佳结果分别以粗体和斜体显示。从表 7.1 中可以注意到以下几点：与其他具有代表性方法相比，本章所提出的 PMR-UNet 方法在 9 种噪声混合配置上都具有最高的 PSNR，这表明 PMR-UNet 方法在去除这种合成的非独立同分布噪声方面具有很强的能力。PMR-UNet 方法和 NBNet 方法都是盲去噪方法，PMR-UNet 方法平均超过 NBNet 方法约 0.22dB。虽然 VDN 方法可以自动预测噪声分布，但是 PMR-UNet 方法在结果上明显优于 VDN 方法。此外，即使 FFDNet 方法可以识别真

实的噪声水平，但它仍然不及 PMR-UNet 方法在去噪性能上的表现。由于 WNNM 方法不适用于 Gaussian 噪声，且 DnCNN-B 方法和 UDNet 方法存在过拟合训练噪声偏差的问题，因此这些方法在性能上都无法超越 PMR-UNet 方法。

表 7.1 本章所提出的方法与其他具有代表性方法在 3 个测试数据集和 3 个非独立同分布 Gaussian 噪声情景下的 9 种噪声混合配置上的 PSNR(dB) 比较结果

Cases	数据集	对比方法								本章所提出的方法
		WNNM	DnCNN-B	MemNet	FFDNet	SUNet	UDNet	VDN	NBNet	
Case1	Set5	26.56	29.88	30.12	30.18	30.10	28.15	30.37	30.51	30.79
	LIVE1	25.30	28.83	28.92	29.02	28.97	27.20	29.19	29.38	29.57
	CBSD68	25.18	28.77	28.65	28.81	28.69	27.18	29.00	29.15	29.43
Case2	Set5	24.70	29.10	29.58	29.65	29.55	25.98	29.83	29.86	29.95
	LIVE1	23.48	28.16	28.51	28.59	28.50	25.23	28.80	29.02	29.39
	CBSD68	23.50	28.11	28.28	28.43	28.31	25.10	28.62	28.79	28.95
Case3	Set5	26.11	29.12	29.52	29.55	29.48	27.51	29.73	29.83	29.92
	LIVE1	24.71	28.20	28.32	28.38	28.31	26.41	28.61	28.81	29.05
	CBSD68	24.63	28.12	28.18	28.24	28.11	26.39	28.42	28.55	28.79

除了客观的 PSNR 评价指标，本章还采用了主观视觉评估机制来评估 PMR-UNet 方法的去噪性能。从测试数据集 Set5 中选择巨嘴鸟图像，从测试数据集 LIVE1 中选择瞭望塔图像及从测试数据集 CBSD68 中选择斑马图像，用于比较视觉质量。图 7.6(见彩图)展示了在非独立同分布 Gaussian 噪声 Case3 下，PMR-UNet 方法与其他两种代表性方法在 3 幅测试图像上的图像去噪结果(红色的矩形区域用于局部视觉比较)。在图 7.6 中，从左到右，依次有噪声图像、VDN 去噪结果、NBNet 去噪结果、PMR-UNet 去噪结果、真实图像，可以得到以下结果：第 1 行：VDN (PSNR：28.12dB/SSIM：0.8116)，NBNet (PSNR：28.59dB/SSIM：0.8297)，PMR-UNet (PSNR：29.08dB/SSIM：0.8417)。第 2 行：VDN (PSNR：30.15dB/SSIM：0.8240)，NBNet (PSNR：30.42dB/SSIM：0.8352)，PMR-UNet (PSNR：31.25dB/SSIM：0.8520)。第 3 行：VDN (PSNR：30.78dB/SSIM：0.8786)，NBNet (PSNR：30.86dB/SSIM：0.8823)，PMR-UNet (PSNR：31.49dB/SSIM：0.8934)。由于页面限制，PMR-UNet 方法仅展示了 3 种最佳结果。从图 7.6 中可以看到，PMR-UNet 方法可以从去噪结果的整体视角有效去除噪声，并重建复杂纹理和重复细节。在局部细节方面，巨嘴鸟的爪子、瞭望塔的微笑面孔和斑马的耳朵在所有对比方法中，PMR-UNet 方法可以最好地将其从带噪图像中重建。

本章进一步研究了 PMR-UNet 方法在不同类型的加性高斯白噪声(AWGN)下

的去噪性能。表 7.2 列出了本章所提出的方法与其他代表性方法在 3 种不同 AWGN 配置上的 PSNR(dB) 比较结果。最佳和次佳结果以粗体和斜体显示。很明显，与其他代表性方法相比，本章所提出的方法在 PSNR 上取得了令人满意的结果。总之，实验结果表明，通过使用不同类型的合成 Gaussian 噪声，本章所提出的 PMR-UNet 方法在图像去噪中具有良好的鲁棒性和有效性。

图 7.6　PMR-UNet 方法与其他两种代表性方法在 3 幅测试图像上的图像去噪结果

表 7.2　本章所提出的方法与其他代表性方法在 3 种不同 AWGN 配置上的 PSNR(dB) 比较结果

AWGN	数据集	对比方法								本章所提出的方法
		WNNM	DnCNN-B	MemNet	FFDNet	SUNet	UDNet	VDN	NBNet	
$\sigma=15$	Set5	32.95	33.91	34.10	34.28	34.25	34.12	34.33	34.55	34.76
	LIVE1	31.67	33.68	33.75	33.95	33.90	33.64	33.91	34.22	34.54
	CBSD68	31.21	33.79	33.65	33.78	33.71	33.62	33.88	34.11	34.35
$\sigma=20$	Set5	30.56	31.66	31.77	31.99	31.88	31.65	32.19	32.35	32.62
	LIVE1	29.11	31.32	31.36	31.56	31.50	31.21	31.61	31.82	32.21
	CBSD68	28.58	31.29	31.20	31.33	31.25	31.10	31.35	31.52	31.67
$\sigma=50$	Set5	27.52	28.72	28.91	29.12	29.11	28.77	29.44	30.26	30.58
	LIVE1	25.91	27.88	27.93	28.10	28.08	27.89	28.33	28.71	28.97
	CBSD68	25.77	27.86	27.88	27.92	27.91	27.62	28.12	28.41	28.70

7.5.4 真实噪声实验

本节将评估 PMR-UNet 方法在去除真实噪声方面的性能。实验选择 SIDD 作为真实的训练数据集和测试数据集。SIDD 包含约 30000 张真实的噪声图像。在 10 种不同的自然场景下，这些噪声图像是由 5 款大众市场消费级智能手机摄像头拍摄的，包括 Google Pixel、iPhone 7、Samsung Galaxy S6 Edge、Motorola Nexus 6 和 LG G4。为获得与每张噪声图像相对应的干净图像，SIDD 对所有噪声图像进行了一系列的后期处理，包括 ISO 感光度参数和曝光时间的调整等。它将大约 80% 的数据集用作训练数据集，其余用作测试数据集。它还提供了一个 SIDD Medium Dataset 版本，包含 320 对图像，并将其用于快速训练。本章的实验采用中等版本作为训练数据集，并采用包含 1280 个不同场景的 SIDD 验证数据作为测试数据集。

表 7.3 展示了 PMR-UNet 方法与其他代表性方法在 SIDD 基准上的去噪结果。PSNR 和 SSIM 是在 256×256 的 32 个图像块上计算的。可以清楚地看到，与其他代表性方法相比，PMR-UNet 方法在 PSNR 和 SSIM 上取得了令人满意的结果。在这些盲去噪方法中，PMR-UNet 方法获得了最佳的性能。与 VDN 方法相比，PMR-UNet 方法超过了它约 0.57dB/0.077。与 NLM 方法、WNNM 方法相比，PMR-UNet 方法明显优于它们。与基于注意力机制的 RIDNet 方法、MIRNet 方法、NBNet 方法相比，PMR-UNet 方法超过了 NBNet 方法约 0.06 dB/0.008。

表 7.3 还进一步提供了每种方法的更详细的计算成本比较结果（参数 Params 和浮点运算次数 FLOPs）。可以看到，PMR-UNet 方法在 Params（12.82M）和 FLOPs（21G）方面取得了很好的成绩，并在 PSNR 和 SSIM 上都达到了最佳值。比较结果验证了 PMR-UNet 方法在计算效率上更高，且在去噪性能上具有与其他代表性方法可比甚至更好的表现。

表 7.3　PMR-UNet 方法与其他代表性方法在 SIDD 基准上的去噪结果

指标	对比方法									
	DnCNN-B	WNNM	NLM	CBDNet	RIDNet	VDN	MIRNet	NBNet	本章所提出的方法
PSNR/dB	23.51	25.68	26.71	30.71	38.68	39.22	39.70	39.73	39.79
SSIM	0.578	0.801	0.689	0.752	0.910	0.902	0.951	0.971	0.979
Params/M	0.558	-	-	18	25	20	31.79	13.31	12.82
FLOPs/G	36	-	-	35	45	38	785	22	21

本章还进一步采用了主观视觉评估机制来评估模型在去除真实噪声方面的性能。对 SIDD 中的 3 幅测试图像（分别标记为 174-image、332-image 和 333-image）开展视觉质量比较的实验。图 7.7（见彩图）展示了 PMR-UNet 方法与其他两种代表性方法在这 3 幅测试图像上的去噪结果（红色的矩形区域用于局部视觉比较）。从上到下，图 7.7 的不同行分别排列了 3 幅测试图像（174-image、332-image 和 333-image）。在图 7.7 中，从左到右，依次有噪声图像、MIRNet 去噪结果、NBNet 去噪结果、PMR-UNet 去噪结果、真实图像，可以得到以下结果：第 1 行： MIRNet（PSNR：34.45dB），NBNet（PSNR：34.81dB），PMR-UNet（PSNR：34.85dB）。第 2 行：IRNet（PSNR：35.50dB），NBNet（PSNR：35.91dB），PMR-UNet（PSNR：36.07dB）。第 3 行：MIRNet（PSNR：36.95dB），NBNet（PSNR：37.21dB），PMR-UNet（PSNR：37.60dB）。从整体的角度来看，PMR-UNet 方法在去噪、复杂纹理结构保留以及重复细节重建方面的表现优于其他代表性方法。在局部细节方面，PMR-UNet 方法成功地保留了 174-image 的复杂纹理结构。这主要是因为，PMR-UNet 方法的 PMR 下采样模块在执行特征转换和 GC 块模块时，能够在去除噪声的同时保留特征空间的真实信息。从经过去噪的 332-image 和 333-image 中，也可以得出类似的视觉观察结果。

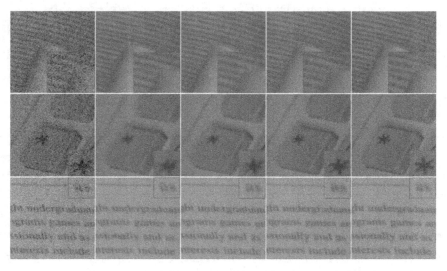

图 7.7　PMR-UNet 方法与其他两种代表性方法在这 3 幅测试图像上的去噪结果

7.5.5　消融实验及讨论

确定本章所提出的 PMR 下采样模块的子空间基向量数量 K 的值是一个值得讨

论的问题。为此，表 7.4 展示了在 SIDD 基准上关于不同 K 值的 PSNR(dB) 值和 SSIM 值。从表 7.4 中可以看出，较少的子空间基向量数量会导致较低的 PSNR 和 SSIM。这可能是因为较少的子空间基向量数量导致了子空间中信息的丢失。此外，较多的子空间基向量数量可能会导致模型的拟合困难和训练不稳定。因此，通过在性能和复杂性之间权衡，本章设置子空间基向量数量为 32。

表 7.4 在 SIDD 基准上关于不同 K 值的 PSNR(dB) 值和 SSIM 值

指标	K			
	8	16	32	48
PSNR	39.68	39.75	39.79	39.76
SSIM	0.963	0.975	0.979	0.977

为验证 PMR-UNet 方法中 PMR 下采样模块和 GC 块模块的有效性，调整这两个模块并设计两种变种方法：变种-1 方法是将 GC 块模块替换 PMR-UNet 方法中的卷积块模块，即放弃了非局部机制。变种-2 方法是将特征块合并模块替换 PMR-UNet 方法中的 PMR 下采样模块，即放弃了子空间投影的噪声去除功能。

表 7.5 中列出了 PMR-UNet 方法与其他两种变种方法在 SSID 基准上的 PSNR(dB) 值和 SSIM 值。从表 7.3 和表 7.5 可以看出，两种变种方法与次好的 NBNet 方法几乎势均力敌。通过 PMR 下采样模块和 GC 块模块的组合，PMR-UNet 方法获得了明显的噪声去除优势。

表 7.5 PMR-UNet 方法与其他两种变种方法在 SSID 基准上的 PSNR(dB) 值和 SSIM 值

指标	对比方法		
	变种-1 方法	变种-2 方法	本章所提出的方法
PSNR	39.69	39.73	**39.79**
SSIM	0.963	0.972	**0.979**

本章随机选择了 SIDD 中的两幅测试图像（分别标记为 161-image 和 166-image）用来比较 PMR-UNet 方法与其他两种变种方法的去噪性能，结果展示在图 7.8 中（见彩图）。两幅测试图像（161-image 和 166-image）从上到下分别排列在不同的行中。在图 7.8 中，从左到右，依次有噪声图像、变种-1 去噪结果、变种-2 去噪结果、PMR-UNet 去噪结果、真实图像，可以得到以下结果：第一行：变种-1（PSNR：33.13dB），变种-2（PSNR：33.20dB），PMR-UNet（PSNR：33.34dB）。第二行：变种-1（PSNR：34.75dB），变种-2（PSNR：35.38dB），PMR-UNet（PSNR：35.49dB）。从图 7.8 可以

看出，变种-2 方法优于变种-1 方法。也就是说，与 PMR 下采样模块相比，GC 块模块起主要决定作用。通过将这两个模块集成到常用的 UNet 模型中，PMR-UNet 方法具有去除噪声并还原高质量图像的能力。

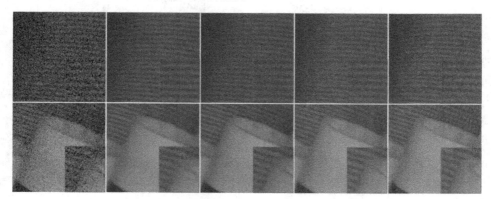

图 7.8　PMR-UNet 方法与其他两种变种方法在这两幅测试图像上的去噪结果

7.6　本章小结

本章提出了用于图像去噪的 PMR-UNet 模型。这个模型首先设计了 PMR 下采样模块，它利用子空间投影从特征空间中学习一组恢复基，并将特征块合并的特征投影到这个空间上。与常用的下采样模块相比，本章提出的 PMR 下采样模块在执行特征转换过程时可以起到去噪和保留特征空间真实信息的作用。随后，从非局部机制的角度出发，本章使用 GC 块模块来重建重复细节。最后，通过将上述两个模块集成到常用的 UNet 模型中，本章构建了 PMR-UNet 模型。通过定性和定量的实验，可以看出，本章提出的模型不仅能产生干净的图像，还能保留很好的纹理细节信息。本书作者计划研究将上述两个模块集成到更多 CNN 模型中的效果，并计划将这一研究作为未来探索图像去噪和其他低级别视觉处理任务(如图像超分辨率重建和图像去模糊)的重要方向。

参 考 文 献

[1] 卓力, 王素玉, 李晓光. 图像/视频的超分辨率复原[M]. 北京：人民邮电出版社, 2011.

[2] 邹谋炎. 反卷积和信号复原[M]. 北京：国防工业出版社, 2001.

[3] 朱秀昌, 刘峰, 胡栋. 数字图像处理与图像通信[M]. 北京：北京邮电大学出版社, 2002.

[4] PRATT W K. Digital image processing[J]. Prentice Hall International, 1978, 28(4): 484-486.

[5] GOODMAN J W. Introduction to Fourier optics[M]. Roberts and Company publishers, 2005.

[6] TSAI R Y, HUANG T S. Multiframe image restoration and registration[J]. Advances in Computer Vision and Image Processing, 1984, 1: 317-339.

[7] RHEE S, KANG M G. Discrete cosine transform based regularized high-resolution image reconstruction algorithm[J]. Optical Engineering, 1999, 38(8): 1348-1356.

[8] WOODS N A, GALATSANOS N P, KATSAGGELOS A K. Stochastic methods for joint registration, restoration, and interpolation of multiple undersampled images[J]. IEEE Transactions on Image Processing, 2005, 15(1): 201-213.

[9] EL-KHAMY S E, HADHOUD M M, DESSOUKY M I, et al. Regularized super-resolution reconstruction of images using wavelet fusion[J]. Optical Engineering, 2005, 44(9): 097001-097001-10.

[10] CHAPPALLI M B, BOSE N K. Simultaneous noise filtering and super-resolution with second-generation wavelets[J]. IEEE Signal Processing Letters, 2005, 12(11): 772-775.

[11] JI H, FERMÜLLER C. Wavelet-based super-resolution reconstruction: theory and algorithm[C]// Computer Vision—ECCV 2006: 9th European Conference on Computer Vision, Graz, Austria, May 7-13, 2006, Proceedings, Part IV 9. Springer Berlin Heidelberg, 2006: 295-307.

[12] ZHUO H, LAM K M. Wavelet-based eigentransformation for face super-resolution[C]//Advances in Multimedia Information Processing-PCM 2010: 11th Pacific Rim Conference on Multimedia, Shanghai, China, September 2010, Proceedings, Part II 11. Springer Berlin Heidelberg, 2010: 226-234.

[13] ROBINSON M D, TOTH C A, LO J Y, et al. Efficient Fourier-wavelet super-resolution[J]. IEEE Transactions on Image Processing, 2010, 19(10): 2669-2681.

[14] DEVI S A, VASUKI A. Image super resolution using Fourier-wavelet transform[C]//2012 International Conference on Machine Vision and Image Processing (MVIP). IEEE, 2012: 109-112.

[15] TAKEMURA E S, PETRAGLIA M R, PETRAGLIA A. An image super-resolution algorithm based on wiener filtering and wavelet transform[C]//2013 IEEE Digital Signal Processing and Signal Processing Education Meeting (DSP/SPE). IEEE, 2013: 130-134.

[16] 姜东玉. 基于小波的图像超分辨率重建算法研究[J]. 信息技术, 2006, 30(10): 135-137.

[17] 乔建苹, 刘琚, 闰华, 等. 基于 Log-WT 的人脸图像超分辨率重建[J]. 电子与信息学报, 2008, 30(6): 1276-1280.

[18] 彭勃, 胡访宇. 使用提升小波进行超分辨率图像重建[J]. 电子测量技术, 2010, 5: 66-68.

[19] 焦斌亮, 宋俊玲. 基于第二代小波的序列图像超分辨率复原算法研究[J]. 宇航学报, 2010, 2: 521-525.

[20] 孙琰玥, 何小海, 陈为龙. 小波局部适应插值的图像超分辨率重建[J]. 计算机工程, 2010, 36(13): 183-185.

[21] CHUAH C S, LEOU J J. An adaptive image interpolation algorithm for image/video processing[J]. Pattern Recognition, 2001, 34(12): 2383-2393.

[22] EL-KHAMY S E, HADHOUD M M, DESSOUKY M I, et al. Efficient implementation of image interpolation as an inverse problem[J]. Digital Signal Processing, 2005, 15(2): 137-152.

[23] CHEN H C, WANG W J. Fuzzy-adapted linear interpolation algorithm for image zooming[J]. Signal Processing, 2009, 89(12): 2490-2502.

[24] NEMIROVSKY S, PORAT M. On texture and image interpolation using Markov models[J]. Signal Processing: Image Communication, 2009, 24(3): 139-157.

[25] MISHIBA K, SUZUKI T, IKEHARA M. Edge-adaptive image interpolation using constrained least squares[C]//2010 IEEE International Conference on Image Processing. IEEE, 2010: 2837-2840.

[26] KIM H, CHA Y, KIM S. Curvature interpolation method for image zooming[J]. IEEE transactions on image processing, 2011, 20(7): 1895-1903.

[27] HAN J W, KIM J H, SULL S, et al. New edge-adaptive image interpolation using anisotropic Gaussian filters[J]. Digital Signal Processing, 2013, 23(1): 110-117.

[28] LI X, ORCHARD M T. New edge-directed interpolation[J]. IEEE transactions on image processing, 2001, 10(10): 1521-1527.

[29] ZHANG X, WU X. Image interpolation by adaptive 2D autoregressive modeling and soft-decision estimation[J]. IEEE transactions on image processing, 2008, 17(6): 887-896.

[30] CHEN H C, WANG W J. Locally edge-adapted distance for image interpolation based on genetic fuzzy system[J]. Expert Systems with Applications, 2010, 37(1): 288-297.

[31] HUANG K W, SIU W C. Robust soft-decision interpolation using weighted least squares[J].

IEEE Transactions on Image Processing, 2011, 21(3): 1061-1069.

[32] ZHANG Q, WU J. Image super-resolution using windowed ordinary kriging interpolation[J]. Optics Communications, 2015, 336: 140-145.

[33] IRANI M, PELEG S. Improving resolution by image registration[J]. CVGIP: Graphical models and image processing, 1991, 53(3): 231-239.

[34] FARSIU S, ROBINSON M D, ELAD M, et al. Fast and robust multiframe super resolution[J]. IEEE transactions on image processing, 2004, 13(10): 1327-1344.

[35] ZIBETTI M W, BAZÁN S V, MAYER J. Determining the regularization parameters for super-resolution problems[J]. Signal Processing, 2008, 88(12): 2890-2901.

[36] PROTTER M, ELAD M, TAKEDA H, et al. Generalizing the nonlocal-means to super-resolution reconstruction[J]. IEEE Transactions on image processing, 2008, 18(1): 36-51.

[37] HE Y, YAP K H, CHEN L, et al. A soft MAP framework for blind super-resolution image reconstruction[J]. Image and Vision Computing, 2009, 27(4): 364-373.

[38] PANAGIOTOPOULOU A, ANASTASSOPOULOS V. Super-resolution image reconstruction techniques: trade-offs between the data-fidelity and regularization terms[J]. Information Fusion, 2012, 13(3): 185-195.

[39] LI X, HU Y, GAO X, et al. A multi-frame image super-resolution method[J]. Signal Processing, 2010, 90(2): 405-414.

[40] NING B, GAO X. Multi-frame image super-resolution reconstruction using sparse co-occurrence prior and sub-pixel registration[J]. Neurocomputing, 2013, 117: 128-137.

[41] ZENG X, YANG L. A robust multiframe super-resolution algorithm based on half-quadratic estimation with modified BTV regularization[J]. Digital Signal Processing, 2013, 23(1): 98-109.

[42] ZHANG K, GAO X, TAO D, et al. Single image super-resolution with non-local means and steering kernel regression[J]. IEEE Transactions on Image Processing, 2012, 21(11): 4544-4556.

[43] LI L, XIE Y, HU W, et al. Single image super-resolution using combined total variation regularization by split Bregman Iteration[J]. Neurocomputing, 2014, 142: 551-560.

[44] YUE L, SHEN H, YUAN Q, et al. A locally adaptive L1-L2 norm for multi-frame super-resolution of images with mixed noise and outliers[J]. Signal Processing, 2014, 105: 156-174.

[45] FREEMAN W T, JONES T R, PASZTOR E C. Example-based super-resolution[J]. IEEE Computer graphics and Applications, 2002, 22(2): 56-65.

[46] HE Y, YAP K H, CHAU L P. A learning approach for single-frame face super-resolution [C]//2009 IEEE International Symposium on Circuits and Systems. IEEE, 2009: 770-773.

[47] OZDEMIR H, SANKUR B. Assessment of single-frame resolution enhancement algorithms [C]//2009 IEEE 17th Signal Processing and Communications Applications Conference. IEEE, 2009: 145-148.

[48] KIM C, CHOI K, LEE H, et al. Robust learning-based super-resolution[C]//2010 IEEE International Conference on Image Processing. IEEE, 2010: 2017-2020.

[49] BEVILACQUA M, ROUMY A, GUILLEMOT C, et al. Neighbor embedding based single-image super-resolution using semi-nonnegative matrix factorization[C]//2012 IEEE International Conference on Acoustics, Speech and Signal Processing (ICASSP). IEEE, 2012: 1289-1292.

[50] YANG J, WRIGHT J, HUANG T, et al. Image super-resolution as sparse representation of raw image patches[C]//2008 IEEE conference on computer vision and pattern recognition. IEEE, 2008: 1-8.

[51] GAJJAR P P, JOSHI M V. New learning based super-resolution: use of DWT and IGMRF prior[J]. IEEE Transactions on Image Processing, 2010, 19(5): 1201-1213.

[52] HAWE S, KLEINSTEUBER M, DIEPOLD K. Analysis operator learning and its application to image reconstruction[J]. IEEE Transactions on Image Processing, 2013, 22(6): 2138-2150.

[53] TRINH D H, LUONG M, DIBOS F, et al. Novel example-based method for super-resolution and denoising of medical images[J]. IEEE Transactions on Image processing, 2014, 23(4): 1882-1895.

[54] CHANG H, YEUNG D Y, XIONG Y. Super-resolution through neighbor embedding[C]//Proceedings of the 2004 IEEE Computer Society Conference on Computer Vision and Pattern Recognition, 2004. CVPR 2004. IEEE, 2004, 1: I-I.

[55] 浦剑, 张军平. 基于词典学习和稀疏表示的超分辨率方法[J]. 模式识别与人工智能, 2010, 3: 335-340.

[56] 孙玉宝, 韦志辉, 肖亮, 等. 多形态稀疏性正则化的图像超分辨率算法[J]. 电子学报, 2010, 38(12): 2898-2903.

[57] DONG W, ZHANG L, SHI G, et al. Image deblurring and super-resolution by adaptive sparse domain selection and adaptive regularization[J]. IEEE Transactions on image processing, 2011, 20(7): 1838-1857.

[58] YANG S, LIU Z, WANG M, et al. Multitask dictionary learning and sparse representation based single-image super-resolution reconstruction[J]. Neurocomputing, 2011, 74(17): 3193-3203.

[59] YANG S, WANG M, CHEN Y, et al. Single-image super-resolution reconstruction via learned geometric dictionaries and clustered sparse coding[J]. IEEE Transactions on Image Processing, 2012, 21(9): 4016-4028.

[60] LU X, YUAN H, YAN P, et al. Geometry constrained sparse coding for single image

super-resolution[C]//2012 IEEE Conference on Computer Vision and Pattern Recognition. IEEE, 2012: 1648-1655.

[61] YANG S, WANG M, SUN Y, et al. Compressive sampling based single-image super-resolution reconstruction by dual-sparsity and non-local similarity regularizer[J]. Pattern Recognition Letters, 2012, 33(9): 1049-1059.

[62] LU X, YUAN Y, YAN P. Image super-resolution via double sparsity regularized manifold learning[J]. IEEE transactions on circuits and systems for video technology, 2013, 23(12): 2022-2033.

[63] DONG W, ZHANG L, SHI G, et al. Nonlocally centralized sparse representation for image restoration[J]. IEEE transactions on Image Processing, 2012, 22(4): 1620-1630.

[64] DONG C, LOY C C, HE K, et al. Image super-resolution using deep convolutional networks[J]. IEEE transactions on pattern analysis and machine intelligence, 2015, 38(2): 295-307.

[65] LIM B, SON S, KIM H, et al. Enhanced deep residual networks for single image super-resolution[C]//Proceedings of the IEEE conference on computer vision and pattern recognition workshops. 2017: 136-144.

[66] TAI Y, YANG J, LIU X. Image super-resolution via deep recursive residual network[C]//Proceedings of the IEEE conference on computer vision and pattern recognition. 2017: 3147-3155.

[67] YAMANAKA J, KUWASHIMA S, KURITA T. Fast and accurate image super resolution by deep CNN with skip connection and network in network[C]//Neural Information Processing: 24th International Conference, ICONIP 2017, Guangzhou, China, November 14-18, 2017, Proceedings, Part II 24. Springer International Publishing, 2017: 217-225.

[68] KIM Y, SON D. Noise conditional flow model for learning the super-resolution space[C]//Proceedings of the IEEE/CVF Conference on Computer Vision and Pattern Recognition. 2021: 424-432.

[69] ROMBACH R, BLATTMANN A, LORENZ D, et al. High-resolution image synthesis with latent diffusion models[C]//Proceedings of the IEEE/CVF conference on computer vision and pattern recognition. 2022: 10684-10695.

[70] SAHARIA C, HO J, CHAN W, et al. Image super-resolution via iterative refinement[J]. IEEE transactions on pattern analysis and machine intelligence, 2022, 45(4): 4713-4726.

[71] 李浪宇, 苏卓, 石晓红, 等. 图像超分辨率重建中的细节互补卷积模型[J]. 中国图象图形学报, 2018, 23(04): 572-582.

[72] 彭亚丽, 张鲁, 张钰, 等. 基于深度反卷积神经网络的图像超分辨率算法[J]. 软件学报,

2018, 29(04): 926-934.

[73] 李现国, 孙叶美, 杨彦利, 等. 基于中间层监督卷积神经网络的图像超分辨率重建[J]. 中国图象图形学报, 2018, 23(07): 984-993.

[74] 应自炉, 龙祥. 多尺度密集残差网络的单幅图像超分辨率重建[J]. 中国图象图形学报, 2019, 24(03): 410-419.

[75] YANG X, MEI H, ZHANG J, et al. DRFN: Deep recurrent fusion network for single-image super-resolution with large factors[J]. IEEE Transactions on Multimedia, 2018, 21(2): 328-337.

[76] 雷鹏程, 刘丛, 唐坚刚, 等. 分层特征融合注意力网络图像超分辨率重建[J]. 中国图象图形学报, 2020, 25(09): 1773-1786.

[77] NIU B, WEN W, REN W, et al. Single image super-resolution via a holistic attention network[C]//Computer Vision–ECCV 2020: 16th European Conference, Glasgow, UK, August 23–28, 2020, Proceedings, Part XII 16. Springer International Publishing, 2020: 191-207.

[78] LIU J, ZHANG W, TANG Y, et al. Residual feature aggregation network for image super-resolution[C]//Proceedings of the IEEE/CVF conference on computer vision and pattern recognition. 2020: 2359-2368.

[79] CHEN H, WANG Y, GUO T, et al. Pre-trained image processing transformer[C]//Proceedings of the IEEE/CVF conference on computer vision and pattern recognition. 2021: 12299-12310.

[80] LAN R, SUN L, LIU Z, et al. MADNet: A fast and lightweight network for single-image super resolution[J]. IEEE transactions on cybernetics, 2020, 51(3): 1443-1453.

[81] ZHANG X, ZENG H, GUO S, et al. Efficient long-range attention network for image super-resolution[C]//European conference on computer vision. Cham: Springer Nature Switzerland, 2022: 649-667.

[82] CHEN X, WANG X, ZHOU J, et al. Activating more pixels in image super-resolution transformer[C]//Proceedings of the IEEE/CVF conference on computer vision and pattern recognition. 2023: 22367-22377.

[83] WANG Z, CUN X, BAO J, et al. Uformer: A general u-shaped transformer for image restoration[C]//Proceedings of the IEEE/CVF conference on computer vision and pattern recognition. 2022: 17683-17693.

[84] NIU A, ZHANG K, PHAM T X, et al. Cdpmsr: Conditional diffusion probabilistic models for single image super-resolution[C]//2023 IEEE International Conference on Image Processing (ICIP). IEEE, 2023: 615-619.

[85] SUN L, DONG J, TANG J, et al. Spatially-adaptive feature modulation for efficient image super-resolution[C]//Proceedings of the IEEE/CVF International Conference on Computer Vision.

2023: 13190-13199.

[86] GAO S, LIU X, ZENG B, et al. Implicit diffusion models for continuous super-resolution[C]//Proceedings of the IEEE/CVF conference on computer vision and pattern recognition. 2023: 10021-10030.

[87] LUO Z, GUSTAFSSON F K, ZHAO Z, et al. Refusion: Enabling large-size realistic image restoration with latent-space diffusion models[C]//Proceedings of the IEEE/CVF conference on computer vision and pattern recognition. 2023: 1680-1691.

[88] RABBANI H, VAFADUST M, GAZOR S. Image denoising based on a mixture of Laplace distributions with local parameters in complex wavelet domain[C]//2006 international conference on image processing. IEEE, 2006: 2597-2600.

[89] ESLAMI R, RADHA H. Translation-invariant contourlet transform and its application to image denoising[J]. IEEE Transactions on image processing, 2006, 15(11): 3362-3374.

[90] PARK H, MARTIN G R, YAO Z. Image denoising with directional bases[C]//2007 IEEE International Conference on Image Processing. IEEE, 2007, 1: I-301-I-304.

[91] PLONKA G, MA J. Nonlinear regularized reaction-diffusion filters for denoising of images with textures[J]. IEEE Transactions on Image processing, 2008, 17(8): 1283-1294.

[92] RATNER V, ZEEVI Y Y. Denoising-enhancing images on elastic manifolds[J]. IEEE Transactions on Image Processing, 2011, 20(8): 2099-2109.

[93] 李会方, 俞卞章. 基于小波的多重分形图像去噪新算法[J]. 光学精密工程, 2004, 12(03): 305-310.

[94] WANG J, GUO Y, YING Y, et al. Fast non-local algorithm for image denoising[C]//2006 International Conference on Image Processing. IEEE, 2006: 1429-1432.

[95] 周先国, 李开宇. 基于 Contourlet 变换的图像 DCT 去噪新方法[J]. 中国图象图形学报, 2009 , 14(11): 2212-2216.

[96] 王智文, 李绍滋. 基于多元统计模型的分形小波自适应图像去噪[J]. 计算机学报, 2014, 37(06): 1380-1389.

[97] 牟奇春. 基于改进二维 Haar 小波的图像去噪算法[J]. 重庆理工大学学报（自然科学）, 2019, 33(06): 177-183.

[98] CHAREST M R, ELAD M, MILANFAR P. A general iterative regularization framework for image denoising[C]//2006 40th Annual Conference on Information Sciences and Systems. IEEE, 2006: 452-457.

[99] TASDIZEN T. Principal components for non-local means image denoising[C]//2008 15th IEEE International Conference on Image Processing. IEEE, 2008: 1728-1731.

[100] JUNEZ-FERREIRA C A, VELASCO-AVALOS F A. A simple algorithm for image denoising based on non-local means and preliminary segmentation[C]//2009 Electronics, Robotics and Automotive Mechanics Conference (CERMA). IEEE, 2009: 204-208.

[101] ADLER A, HEL-OR Y, ELAD M. A weighted discriminative approach for image denoising with overcomplete representations[C]//2010 IEEE International Conference on Acoustics, Speech and Signal Processing. IEEE, 2010: 782-785.

[102] REHMAN A, WANG Z. SSIM-based non-local means image denoising[C]//2011 18th IEEE International Conference on Image Processing. IEEE, 2011: 217-220.

[103] SALVADOR J, BORSUM M, KOCHALE A. A bayesian approach for natural image denoising[C]//2013 IEEE International Conference on Image Processing. IEEE, 2013: 1095-1099.

[104] HUANG D A, KANG L W, WANG Y C, et al. Self-learning based image decomposition with applications to single image denoising[J]. IEEE Transactions on multimedia, 2013, 16(1): 83-93.

[105] HANIF M, SEGHOUANE A K. Non-local noise estimation for adaptive image denoising[C]//2015 International Conference on Digital Image Computing: Techniques and Applications (DICTA). IEEE, 2015: 1-5.

[106] NEJATI M, SAMAVI S, SOROUSHMEHR M R, et al. Low-rank regularized collaborative filtering for image denoising[C]//2015 IEEE International Conference on Image Processing (ICIP). IEEE, 2015: 730-734.

[107] SHIKKENAWIS G, MITRA S K. 2D orthogonal locality preserving projection for image denoising[J]. IEEE transactions on Image Processing, 2015, 25(1): 262-273.

[108] 何坤, 琚生根, 林涛, 等. TV 数值计算的图像去噪[J]. 电子科技大学学报, 2013, 42(03): 140-144.

[109] ZENG X, BIAN W, LIU W, et al. Dictionary pair learning on grassmann manifolds for image denoising[J]. IEEE Transactions on Image Processing, 2015, 24(11): 4556-4569.

[110] ZHU J, ZHANG Y, CHENG H, et al. Graph Laplacian regularized sparse representation for image denoising[C]//2016 IEEE 13th International Conference on Signal Processing (ICSP). IEEE, 2016: 687-691.

[111] CHEN R, JIA H, XIE X, et al. Correlation preserving on graphs for image denoising[C]//2017 IEEE International Conference on Image Processing (ICIP). IEEE, 2017: 1876-1880.

[112] 焦莉娟, 王文剑, 赵青杉, 等. 近邻局部 OMP 稀疏表示图像去噪[J]. 中国图象图形学报, 2017, 22(11): 1486-1492.

[113] 黄金, 周先春, 吴婷, 等. 混合维纳滤波与改进型 TV 的图像去噪模型[J]. 电子测量与仪器学报, 2017, 31(10): 1659-1666.

[114] 骆骏, 刘辉, 尚振宏. 组稀疏表示的双重 l_1-范数优化图像去噪算法[J]. 四川大学学报（自然科学版）, 2019, 56(06): 1065-1072.

[115] 鲁思琪, 周先春, 汪志飞. 改进型自适应全变分图像降噪模型[J]. 电子测量与仪器学报, 2022, 36(06): 236-243.

[116] 李潇瑶, 王炼红, 周怡聪, 等. 自适应非局部3维全变分彩色图像去噪[J]. 中国图象图形学报, 2022, 27(12): 3450-3460.

[117] 都双丽, 党慧, 赵明华, 等. 结合内外先验知识的低照度图像增强与去噪算法[J]. 中国图象图形学报, 2023, 28(09): 2844-2855.

[118] ANWAR S, BARNES N. Real image denoising with feature attention[C]//Proceedings of the IEEE/CVF international conference on computer vision. 2019: 3155-3164.

[119] VALSESIA D, FRACASTORO G, MAGLI E. Deep graph-convolutional image denoising[J]. IEEE Transactions on Image Processing, 2020, 29: 8226-8237.

[120] MORAN N, SCHMIDT D, ZHONG Y, et al. Noisier2noise: Learning to denoise from unpaired noisy data[C]//Proceedings of the IEEE/CVF Conference on Computer Vision and Pattern Recognition. 2020: 12064-12072.

[121] GURROLA-RAMOS J, DALMAU O, ALARCÓN T E. A residual dense u-net neural network for image denoising[J]. IEEE Access, 2021, 9: 31742-31754.

[122] ULU A, YILDIZ G, DIZDAROĞLU B. MLFAN: Multilevel feature attention network with texture prior for image denoising[J]. IEEE Access, 2023, 11: 34260-34273.

[123] ZHANG K, ZUO W, ZHANG L. FFDNet: Toward a fast and flexible solution for CNN-based image denoising[J]. IEEE Transactions on Image Processing, 2018, 27(9): 4608-4622.

[124] GU S, LI Y, GOOL L V, et al. Self-guided network for fast image denoising[C]//Proceedings of the IEEE/CVF International Conference on Computer Vision. 2019: 2511-2520.

[125] QUAN Y, CHEN M, PANG T, et al. Self2self with dropout: Learning self-supervised denoising from single image[C]//Proceedings of the IEEE/CVF conference on computer vision and pattern recognition. 2020: 1890-1898.

[126] HUANG T, LI S, JIA X, et al. Neighbor2neighbor: Self-supervised denoising from single noisy images[C]//Proceedings of the IEEE/CVF conference on computer vision and pattern recognition. 2021: 14781-14790.

[127] CHANG M, LI Q, FENG H, et al. Spatial-adaptive network for single image denoising[C]//Computer Vision-ECCV 2020: 16th European Conference, Glasgow, UK, August 23-28, 2020, Proceedings, Part XXX 16. Springer International Publishing, 2020: 171-187.

[128] FANG F, Li J, YUAN Y, et al. Multilevel edge features guided network for image denoising[J].

IEEE Transactions on Neural Networks and Learning Systems, 2020, 32(9): 3956-3970.

[129] 王迪, 潘金山, 唐金辉. 基于自监督约束的双尺度真实图像盲去噪算法[J]. 软件学报, 2023, 34(06): 2942-2958.

[130] FAN C M, LIU T J, LIU K H. SUNet: Swin transformer UNet for image denoising[C]//2022 IEEE International Symposium on Circuits and Systems (ISCAS). IEEE, 2022: 2333-2337.

[131] ZHAO M, CAO G, HUANG X, et al. Hybrid transformer-CNN for real image denoising[J]. IEEE Signal Processing Letters, 2022, 29: 1252-1256.

[132] HUANG J J, DRAGOTTI P L. WINNet: Wavelet-inspired invertible network for image denoising[J]. IEEE Transactions on Image Processing, 2022, 31: 4377-4392.

[133] JIANG Y, WRONSKI B, MILDENHALL B, et al. Fast and high quality image denoising via malleable convolution[C]//European Conference on Computer Vision. Cham: Springer Nature Switzerland, 2022: 429-446.

[134] LI Y. TR-Former: Token based residual transformer for single image denoising[C]//2023 3rd International Conference on Consumer Electronics and Computer Engineering (ICCECE). IEEE, 2023: 416-419.

[135] SU Z, HAN S, NING K, et al. Image denoising algorithm based on multi-scale fusion and adaptive attention mechanism[C]//2023 IEEE 6th Information Technology, Networking, Electronic and Automation Control Conference (ITNEC). IEEE, 2023, 6: 1690-1694.

[136] LIU K, DU X, LIU S, et al. DDT: Dual-branch deformable transformer for image denoising[C]// 2023 IEEE International Conference on Multimedia and Expo (ICME). IEEE, 2023: 2765-2770.

[137] DAUBECHIES I, DEFRISE M, DE M C. An iterative thresholding algorithm for linear inverse problems with a sparsity constraint[J]. Communications on Pure and Applied Mathematics: A Journal Issued by the Courant Institute of Mathematical Sciences, 2004, 57(11): 1413-1457.

[138] CAO F, CAI M, TAN Y, et al. Image super-resolution via adaptive l_p ($0<p<1$) regularization and sparse representation[J]. IEEE Transactions on Neural Networks and Learning Systems, 2016, 27(7): 1550-1561.

[139] JING G, SHI Y, KONG D, et al. Image super-resolution based on multi-space sparse representation[C]//Proceedings of the Second International Conference on Internet Multimedia Computing and Service. 2010: 11-14.

[140] JUNG C, JU J. Improving dictionary based image super-resolution with nonlocal total variation regularization[C]//2013 IEEE International Symposium on Circuits and Systems (ISCAS). IEEE, 2013: 1207-1211.

[141] XU L, LU C, XU Y, et al. Image smoothing via L0 gradient minimization [J]. ACM Transactions

on Graphics, 2011, 30(6): 1-12.

[142] TAKEDA H, FARSIU S, MILANFAR P. Kernel regression for image processing and reconstruction[J]. IEEE Transactions on image processing, 2007, 16(2): 349-366.

[143] LI J, GONG W, LI W. Dual-sparsity regularized sparse representation for single image super-resolution[J]. Information Sciences, 2015,298(20): 257-273.

[144] SONG H, ZHANG L, WANG P, et al. An adaptive l_1-l_2 hybrid error model to super-resolution[C]. IEEE International Conference on Image Processing, 2010, 2821-2824.

[145] FARSIU S, ROBINSON D, ELAD M, et al. Fast and robust super-resolution[C]//Proceedings 2003 international conference on image processing (Cat. No. 03CH37429). IEEE, 2003, 2: 280-291.

[146] MIN W. High resolution radar imaging based on compressed sensing and adaptive l_p norm algorithm[C]//Proceedings of 2011 IEEE CIE International Conference on Radar. IEEE, 2011, 1: 206-209.

[147] PELEG T, ELAD M. A statistical prediction model based on sparse representations for single image super-resolution[J]. IEEE transactions on image processing, 2014, 23(6): 2569-2582.

[148] WANG Z, LIU D, YANG J, et al. Deep networks for image super-resolution with sparse prior[C]//Proceedings of the IEEE international conference on computer vision. 2015: 370-378.

[149] JIANG J, MA X, CHEN C, et al. Single image super-resolution via locally regularized anchored neighborhood regression and nonlocal means[J]. IEEE Transactions on Multimedia, 2016, 19(1): 15-26.

[150] ZHANG K, ZUO W, CHEN Y, et al. Beyond a gaussian denoiser: Residual learning of deep cnn for image denoising[J]. IEEE transactions on image processing, 2017, 26(7): 3142-3155.

[151] DONG W, WANG P, YIN W, et al. Denoising prior driven deep neural network for image restoration[J]. IEEE transactions on pattern analysis and machine intelligence, 2018, 41(10): 2305-2318.

[152] SONG Y, ZHU Y, DU X. Dynamic residual dense network for image denoising[J]. Sensors, 2019, 19(17): 3809.

[153] RONNEBERGER O, FISCHER P, BROX T. U-net: Convolutional networks for biomedical image segmentation[C]//Medical image computing and computer-assisted intervention–MICCAI 2015: 18th international conference, Munich, Germany, October 5-9, 2015, proceedings, part III 18. Springer International Publishing, 2015: 234-241.

[154] WANG Y, WANG G, CHEN C, et al. Multi-scale dilated convolution of convolutional neural network for image denoising[J]. Multimedia Tools and Applications, 2019, 78: 19945-19960.

[155] CHENG S, WANG Y, HUANG H, et al. Nbnet: Noise basis learning for image denoising with

subspace projection[C]//Proceedings of the IEEE/CVF conference on computer vision and pattern recognition. 2021: 4896-4906.

[156] KRIZHEVSKY A, SUTSKEVER I, HINTON G E. Imagenet classification with deep convolutional neural networks[J]. Advances in neural information processing systems, 2012, 25.

[157] TAI Y, YANG J, LIU X, et al. Memnet: A persistent memory network for image restoration[C]//Proceedings of the IEEE international conference on computer vision. 2017: 4539-4547.

[158] GUO S, YAN Z, ZHANG K, et al. Toward convolutional blind denoising of real photographs[C]//Proceedings of the IEEE/CVF conference on computer vision and pattern recognition. 2019: 1712-1722.

[159] ZAMIR S W, ARORA A, KHAN S, et al. Learning enriched features for real image restoration and enhancement[C]//Computer Vision-ECCV 2020: 16th European Conference, Glasgow, UK, August 23-28, 2020, Proceedings, Part XXV 16. Springer International Publishing, 2020: 492-511.

[160] LI J, GUAN W. Adaptive l_q-norm constrained general nonlocal self-similarity regularizer based sparse representation for single image super-resolution[J]. Information Fusion, 2020, (53): 88-102.

[161] BUADES A, COLL B, MOREL J M. A non-local algorithm for image denoising[C]//2005 IEEE computer society conference on computer vision and pattern recognition (CVPR'05). IEEE, 2005, 2: 60-65.

[162] GU S, ZHANG L, ZUO W, et al. Weighted nuclear norm minimization with application to image denoising[C]//Proceedings of the IEEE conference on computer vision and pattern recognition. 2014: 2862-2869.

[163] LEFKIMMIATIS S. Universal denoising networks: a novel CNN architecture for image denoising[C]//Proceedings of the IEEE conference on computer vision and pattern recognition. 2018: 3204-3213.

[164] YUE Z, YONG H, ZHAO Q, et al. Variational denoising network: Toward blind noise modeling and removal[J]. Advances in neural information processing systems, 2019, 32.

[165] HE K, ZHANG X, REN S, et al. Delving deep into rectifiers: Surpassing human-level performance on imagenet classification[C]//Proceedings of the IEEE international conference on computer vision. 2015: 1026-1034.